U0576178

电力拖动控制线路与PLC技术实训

总主编 钟建康

主编 任洪锋 方苗君　副主编 金李传 潘益刚 傅必升

浙江工商大学出版社
ZHEJIANG GONGSHANG UNIVERSITY PRESS

·杭州·

图书在版编目(CIP)数据

电力拖动控制线路与 PLC 技术实训 / 任洪锋，方苗君主编；金李传，潘益刚，傅必升副主编. —杭州：浙江工商大学出版社，2023.11

ISBN 978-7-5178-5693-1

Ⅰ. ①电… Ⅱ. ①任… ②方… ③金… ④潘… ⑤傅… Ⅲ. ①电力传动—自动控制系统②PLC 技术 Ⅳ. ①TM921.5②TM571.61

中国国家版本馆 CIP 数据核字(2023)第 171095 号

电力拖动控制线路与 PLC 技术实训

DIANLI TUODONG KONGZHI XIANLU YU PLC JISHU SHIXUN

主编 任洪锋　方苗君　副主编 金李传　潘益刚　傅必升

责任编辑	厉　勇	
责任校对	沈黎鹏	
封面设计	蔡海东	
责任印制	包建辉	
出版发行	浙江工商大学出版社	
	（杭州市教工路 198 号　邮政编码 310012）	
	（E-mail：zjgsupress@163.com）	
	（网址：http://www.zjgsupress.com）	
	电话：0571-88904980,88831806（传真）	
排　　版	杭州朝曦图文设计有限公司	
印　　刷	杭州高腾印务有限公司	
开　　本	787 mm×1092 mm　1/16	
印　　张	8.25	
字　　数	191 千	
版 印 次	2023 年 11 月第 1 版　2023 年 11 月第 1 次印刷	
书　　号	ISBN 978-7-5178-5693-1	
定　　价	32.00 元	

本书编委会

总主编:钟建康

主　编:任洪锋　方苗君

副主编:金李传　潘益刚　傅必升

编　委:陆红星

目 录
Content

项目1 认识和拆装常用的低压电器

项目分析

在各种机械设备中,电动机已成为主要的动力来源。为了能使电动机按照设备的要求运转,我们需要对电动机进行控制。传统的电动机控制系统主要由各种低压电器组成,称为继电器—接触器控制系统。电气控制电路是由不同电气设备组成的,因此学习电力拖动控制线路的知识要从认识低压电器开始,掌握它们的结构、特点以及学会拆装低压电器对实际工作非常重要。

项目目标

(1)能识别常用低压电器的外形和基本结构,了解其主要参数的选择。

(2)能对低压电器进行简单的检测。

(3)能正确地拆卸、组装常用低压电器,并能排除常见故障。

项目任务

对低压断路器、低压熔断器、交流接触器、热继电器、时间继电器、行程开关等低压电器进行拆装、检测与维修。

任务1 认识和拆装低压断路器

任务目标

(1)熟悉常用低压断路器的外形和基本结构。

(2)能正确拆装常用低压断路器,并检测其好坏。

(3)掌握低压断路器的安装方法及常见故障的排除方法。

任务内容

对 DZ47、DZ108 系列低压断路器进行拆装与检测。

 实训指导

1. 低压断路器的功能

低压断路器,又称自动空气开关,简称断路器。在线路正常工作时,低压断路器可以接通和分断电路;当线路发生短路、过载和失压等故障时,它能自动切断故障电路,从而保护线路和电气设备。

低压断路器具有操作安全、安装使用方便、工作可靠、分断能力较强、兼作多种保护、动作后不需要更换元件等优点,因此得到了广泛应用。其电气符号如图 1.1.1 所示。

图 1.1.1　低压断路器的电气符号

2. 低压断路器的主要结构

低压断路器按结构形式可分为塑壳式、万能式、限流式、灭磁式、直流快速式和漏电保护式,在电力拖动系统中常用的是塑壳式低压断路器,即 DZ 系列。DZ 系列低压断路器型号有 DZ47、DZ108 等。

DZ47 系列低压断路器外形如图 1.1.2(a)所示,图中三对主触点处于合闸位置。DZ47 系列低压断路器是带漏电保护装置的,当电路有漏电故障时,断路器会自动断开,面板上的蓝色按钮会跳出;当漏电故障解除后,方可重新送电,外形如图 1.1.2(b)所示。

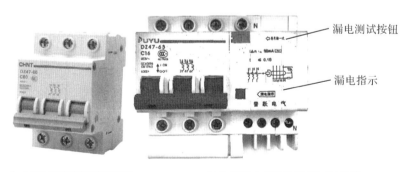

（a）DZ47系列低压断路器　　　　　（b）带漏电保护装置低压断路器

图 1.1.2　DZ47 系列低压断路器

DZ108 系列低压断路器外形如图 1.1.3 所示,共有三对主触点。其中,L1,L2,L3 为进线端,T1,T2,T3 为出线端。按下灰色"ON"按钮时接通电路,按下红色"OFF"按钮时切断电路。当电路出现短路、过载等故障时,断路器会自动跳闸切断电路。

图 1.1.3　DZ108 系列低压断路器

3.低压断路器的检测

首先,进行外观检测。检查接线螺钉是否齐全,操作部件应灵活无阻滞,动、静触点应分合迅速,松紧一致。

然后,用万用表蜂鸣挡测试各组触点是否全部接通。若不是,则说明该低压断路器已坏。

当低压断路器闭合时,各触点应全部接通,测量的电阻值应该显示接近零;当低压断路器断开时,各触点应全部断开,测量的电阻值应该显示无穷大(相当于开路)。

 任务实施

1.工作准备

(1)按照工作要求穿戴好安全劳保用品,并分成小组。

(2)学习工作场地安全操作规程,安全文明工作。

(3)了解操作工位的情况,包括设备、仪器仪表、电源电压。

(4)准备相应课程内容的学习资料。

2.器材准备

(1)工具:常用电工工具一套(螺丝刀、钢丝钳、尖嘴钳等)。

(2)仪表:数字万用表、兆欧表。

(3)器件:低压断路器若干,根据实际情况准备。

3.实训操作

低压断路器的拆装与测量。拆卸和组装一只低压断路器,将其主要零部件名称和作用记入表 1.1.1 中;操作低压断路器,用万用表电阻挡测量各对触点之间的接触电阻,用兆欧表测量每两相触点之间的绝缘电阻,将各相触点间的接触电阻、绝缘电阻测量值记入表 1.1.1 中。

表 1.1.1　低压断路器的基本结构与测量记录

型号	极数				主要零部件	
					名称	作用
分闸时触点接触电阻			合闸时触点接触电阻			
L1	L2	L3	L1	L2	L3	
相间绝缘电阻						
L1～L2		L2～L3		L3～L1		

 思考题

(1)简述低压断路器的主要结构和各部件作用。

(2)本次任务所用低压断路器有哪些保护功能?

检查评价

对任务实施的完成情况进行检查评价,并将结果填入表 1.1.2 中。

表 1.1.2　认识和拆装低压断路器的任务评价表

自我评价(40分)				
评价内容	评分标准	配分	得分	扣分原因
1.低压电器的认识	(1)能正确认识低压断路器的结构 (2)能说出低压断路器的作用	15 分		
2.低压电器的拆装	(1)能正确使用仪表测量 (2)能正确进行低压断路器的拆装,并能复原该低压断路器	20 分		
3.安全文明生产	(1)不违反工作安全规程,没有出现安全隐患 (2)规定时间内完成实训操作 (3)不违反考勤和劳保要求	5 分		

自评得分:

小组互评(30分)			
评价项目内容	配分	得分	扣分原因
1.实训记录与自我评价情况	6 分		
2.学习中的纪律和学习效果、知识的掌握情况	6 分		
3.相互帮助与协调能力情况	6 分		
4.安全意识、质量意识与责任心情况	6 分		
5.学习态度和工作态度是否积极、认真	6 分		

小组互评得分：

教师评价（30 分）

教师综合评价得分：

任务 2 认识和拆装低压熔断器

 任务目标

了解常用熔断器的基本结构,并会拆装、检测以及进行简单选择。

 任务目标

对 RT、RL 系列熔断器进行拆装、检测并进行参数选择。

 任务目标

1.低压熔断器的功能

低压熔断器在线路中起着短路保护作用,简称熔断器。使用时,熔断器应串联在被保护的电路中。正常情况下,熔断器的熔体相当于一段导线;当电路发生短路故障时,熔体能迅速熔断分断电路,从而起到保护线路和电气设备的作用。熔断器结构简单、价格便宜、动作可靠、使用维护方便,因而得到广泛应用。其电气符号如图 1.2.1 所示。常用的熔断器有 RT 系列、RL 系列。RT 系列熔断器为有填料封闭管式熔断器,RL 系列熔断器为螺旋式熔断器。

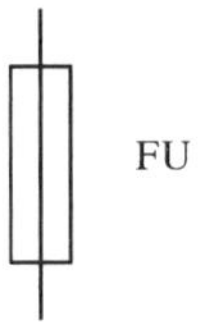

FU

图 1.2.1 低压熔断器的电气符号

2.有填料封闭管式熔断器的检测

（1）功能检测

打开熔座,观察动、静点触头是否齐全、牢固,熔体选择是否合适;合上熔座,用万用表蜂鸣挡测试输入端与输出端是否导通;如蜂鸣挡不鸣响,则表明熔断器已损坏。合上熔座,输入端和输出端应接通;打开熔座,输入端与输出端应断开。

(2)外形检测

动、静点的螺钉应齐全、牢固,熔体选择合适,瓷盖闭合后应牢固,不易脱落。图 1.2.2 所示为 RT 系列熔断器熔座与熔体。

(a)熔座　　　(b)熔体

图 1.2.2　RT 系列熔断器熔座与熔体

2.螺旋式熔断器的检测

旋开瓷帽,检查熔体、进线端、出线端螺钉是否齐全、牢固;而后旋上瓷帽,用万用表蜂鸣挡测量输入端与输出端是否导通,如蜂鸣挡不鸣响,则熔断器已损坏。

旋上瓷帽,输入端和输出端应接通;旋开瓷帽,输入端与输出端应断开。瓷帽旋紧后应牢固,不易脱落。图 1.2.3 所示为螺旋式熔断器。

图 1.2.3　螺旋式熔断器

任务实施

1.工作准备

(1)按照工作要求穿戴好安全劳保用品,并分成小组。

(2)学习工作场地安全操作规程,安全文明工作。

(3)了解操作工位的情况,包括设备、仪器仪表、电源电压。

(4)准备相应课程内容的学习资料。

2.器材准备

（1）工具：常用电工工具一套（螺丝刀、钢丝钳、尖嘴钳等）。

（2）仪表：数字万用表、兆欧表。

（3）器件：插入式熔断器、螺旋式熔断器若干。

3.实训操作

熔断器的拆装。拆开插入式熔断器、螺旋式熔断器，将螺旋式熔断器内部主要零部件的名称和作用记入表1.2.1中。用万用表电阻挡测量输入端与输出端之间的接触电阻，将测量结果一并记入表1.2.1中。

表 1.2.1　熔断器的拆卸、装配和测量记录

插入式熔断器	螺旋式熔断器	拆卸步骤（螺旋式熔断器）	主要零部件（螺旋式熔断器）	
型号			名称	作用
取下瓷盖（不装熔体）				
输入端和输出端接触电阻	输入端和输出端接触电阻			
合上瓷盖（装入熔体）				
输入端和输出端接触电阻	输入端和输出端接触电阻			

思考题

（1）常用的熔断器有哪些类型？写出它们的常用型号。

（2）在安装和使用螺旋式熔断器时，应注意哪些问题？

（3）熔断器的额定电流和熔体的额定电流有什么区别？

（4）型号为 RT18-32/25 的熔断器中 RT，18、32、25 的含义分别是什么？

检查评价

对任务实施的完成情况进行检查评价，并将结果填入表1.2.2中。

表 1.2.2　认识和拆装低压熔断器的任务评价表

自我评价(40分)				
评价内容	评分标准	配分	得分	扣分原因
1.低压电器的认识	(1)能正确认识熔断器的结构 (2)能说出熔断器的作用	15分		
2.低压电器的拆装	(1)能正确使用仪表测量 (2)能正确进行熔断器的拆装,并能复原该熔断器	20分		
3.安全文明生产	(1)不违反工作安全规程,没有出现安全隐患 (2)规定时间内完成实训操作 (3)不违反考勤和劳保要求	5分		

自评得分:

小组互评(30分)			
评价项目内容	配分	得分	扣分原因
1.实训记录与自我评价情况	6分		
2.学习中的纪律和学习效果、知识的掌握情况	6分		
3.相互帮助与协调能力情况	6分		
4.安全意识、质量意识与责任心情况	6分		
5.学习态度和工作态度是否积极、认真	6分		

小组互评得分:

教师评价(30分)

教师综合评价得分:

任务3　认识和拆装主令电器

 任务目标

　　了解按钮和行程开关的基本结构,并会拆装、检测及进行简单检修。

 任务内容

　　对几种常见的按钮和行程开关进行拆装与检测。

实训指导

1.主令电器的功能

主令电器是指在电器自动控制系统中用来发出信号指令的电器,包括按钮、行程开关等,它们的工作原理本质上是一致的,只不过按钮是通过手动控制实现接通和分断电路,而行程开关是利用生产机械某些运动部件实现接通和分断电路。其电气符号如图1.3.1所示。

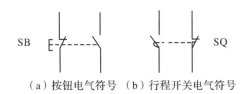

（a）按钮电气符号 （b）行程开关电气符号

图1.3.1 主令电器的电气符号

2.按钮的主要结构

按钮一般由按钮帽、复位弹簧、桥式动触点、静触点和外壳等组成。当按钮未被按下时,其常开触点处于断开状态,常闭触点处于闭合状态;当按钮被按下时,其常开触点闭合,常闭触点断开。其结构如图1.3.2所示。

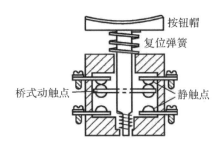

图1.3.2 按钮的结构

常用的控制按钮有 LA 38、LA4-3H 等系列,按钮帽的颜色有红、黄、绿和白等,一般绿色为启动按钮,红色为停止按钮。图1.3.3所示为 LA38 系列按钮,有两对触点,一对常开触点和一对常闭触点。没有操作时,弹片压着的一对为常闭,没有压着的一对为常开;它的侧面也标明了哪一对是常开、哪一对是常闭,标号11～12的为常闭触点接线端子,标号23～24的为常开触点接线端子;或通过万用表的蜂鸣挡测试判断常开常闭触点。

图1.3.3 LA38 系列按钮

LA4-3H 型组合按钮共有 3 个按钮,颜色分别为红色、黑色、绿色,每个按钮对应一对常开触点和常闭触点,每对触点的两个接线端子呈现对角线布置。没有操作时,弹片压着的一对为常闭触点,没有压着的一对为常开触点;也可通过万用表蜂鸣挡判断常开常闭触点,如图 1.3.4 所示。

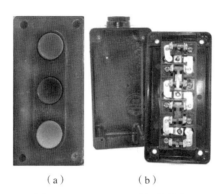

（a） （b）

图 1.3.4 LA4-3H 型组合按钮

3.按钮的检测

检查按钮的动、静触点、螺钉是否齐全、牢固,动、静触点是否活动灵活。用万用表蜂鸣挡测试常闭触点输入端和输出端是否全部接通,常开触点输入端和输出端是否全部不导通;否则,说明按钮对应的触点已损坏。

4.行程开关的主要结构

行程开关的主要结构由操作机构和触点系统两部分组成,通常有一对常开触点和一对常闭触点,行程开关的原理如图 1.3.5 所示。

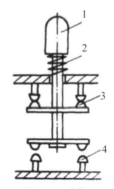

1—顶杆;2—弹簧;
3—常闭触点;4—常开触点。

图 1.3.5 行程开关原理

常用行程开关有 LX 19、LXK 3 和 JLXK1 等系列,行程开关按其操作方式可分为直动式、滚轮式、微动式和组合式,图 1.3.6 所示为直动式行程开关及其内部结构,其从左至右的触点分别为常开、常闭、常闭、常开。

图 1.3.6　直动式行程开关及其内部结构

5.行程开关的检测

检查行程开关动、静触点、螺钉是否齐全、牢固,动、静触点机械部位是否活动灵活。用万用表电阻挡测试常闭触点输入端和输出端是否全部接通,常开触点输入端和输出端是否全部不导通;若否,则说明行程开关相应触点已坏。

行程开关不动作时,常闭触点输入端和输出端全部接通,常开触点输入端和输出端全部不导通。

 任务实施

1.工作准备

(1)按照工作要求穿戴好安全劳保用品,并分成小组。

(2)学习工作场地安全操作规程,安全文明工作。

(3)了解操作工位的情况,包括设备、仪器仪表、电源电压。

(4)准备相应课程内容的学习资料。

2.器材准备

(1)工具:常用电工工具一套(螺丝刀、钢丝钳、尖嘴钳等)。

(2)仪表:数字万用表、兆欧表。

(3)器件:不同型号按钮、行程开关若干。

3.实训操作

(1)拆卸按钮

将拆卸步骤、主要零部件名称、作用、各触点动作前后的电阻阻值及各类触点数量等测量数据记入表 1.3.1 中。

表 1.3.1　按钮的拆卸与测量记录

型号		拆卸步骤	主要零部件	
			名称	作用
触点数量				
常开触点	常闭触点			
触点电阻				
常开触点		常闭触点		
动作前	动作后	动作前	动作后	

（2）拆卸一只行程开关

将拆卸步骤、主要零部件名称、作用、各触点动作前后的电阻阻值及各类触点数量等测量数据记入表 1.3.2 中。

表 1.3.2　行程开关的拆卸与测量记录

型号		拆卸步骤	主要零部件	
			名称	作用
触点数量				
常开触点	常闭触点			
触点电阻				
常开触点		常闭触点		
动作前	动作后	动作前	动作后	

💬 **思考题**

（1）按钮的常开触点和常闭触点在按钮按下时，动作顺序是怎样的？
（2）查阅带指示灯的按钮结构组成和工作原理。
（3）比较单滚轮和双滚轮行程开关的触点动作的不同。

📋 **检查评价**

对任务实施的完成情况进行检查评价，并将结果填入表 1.3.3 中。

表 1.3.3　认识和拆装主令电器的任务评价表

自我评价(40 分)				
评价内容	评分标准	配分	得分	扣分原因
1.低压电器的认识	(1)能正确认识按钮、行程开关的结构 (2)能说出按钮、行程开关的作用	15 分		
2.低压电器的拆装	(1)能正确使用仪表测量 (2)能正确进行按钮、行程开关的拆装,并能复原该按钮、行程开关	20 分		
3.安全文明生产	(1)不违反工作安全规程,没有出现安全隐患 (2)规定时间内完成实训操作 (3)不违反考勤和劳保要求	5 分		

自评得分:

小组互评(30 分)			
评价项目内容	配分	得分	扣分原因
1.实训记录与自我评价情况	6 分		
2.学习中的纪律和学习效果、知识的掌握情况	6 分		
3.相互帮助与协调能力情况	6 分		
4.安全意识、质量意识与责任心情况	6 分		
5.学习态度和工作态度是否积极、认真	6 分		

小组互评得分:

教师评价(30 分)

教师综合评价得分:

任务 4　认识和拆装交流接触器

任务目标

了解交流接触器的基本结构,并会拆装、检测及简单维修。

任务内容

对交流接触器进行拆装、检测及简单维修。

实训指导

1.接触器的功能

低压开关、主令电器等电器,都是依靠手动控制直接操作实现触头接通或断开电路,属于非自动切换电器。在电力拖动中,广泛应用一种自动切换电器——接触器来实现电路的自动控制。

接触器实际上是一种自动的电磁式开关。触头的通断不是由手来控制的,而是电动操作的。电动机通过接触器主触头接入电源,接触器线圈与启动按钮串接后接入电源。按下启动按钮,线圈得电后使静铁芯被磁化产生电磁吸力,吸引动铁芯带动主触头闭合接通电路;松开启动按钮,线圈失电,电磁吸力消失,动铁芯在反作用弹簧的作用下释放,带动主触头复位切断电路。其电气符号如图 1.4.1 所示。接触器按主触头通过电流的方式,可分为直流接触器和交流接触器。

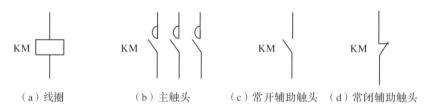

|（a）线圈|（b）主触头|（c）常开辅助触头|（d）常闭辅助触头|

图 1.4.1 接触器的电气符号

2.交流接触器的主要结构

交流接触器主要由电磁机构、触点系统、灭弧装置及辅助部件等组成。常用的型号有 CJX2 系列,其中,A1、A2 为线圈接线端子,可呈对角线连接状态,或均接在接触器一边。该交流接触器共有三对主触点、一对辅助常开触点,呈上下侧排列(NO 为常开触点,NC 为常闭触点),如图 1.4.2(a)所示。配合顶挂辅助触头模块,可扩展至多对常开常闭触点,辅助模块从左至右分别为常开、常闭、常闭、常开触点。

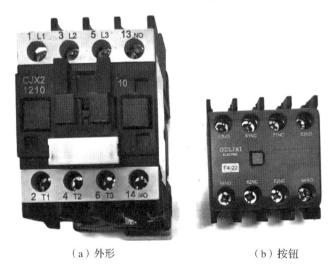

|（a）外形|（b）按钮|

图 1.4.2 CJX2 型接触器及辅助触头模块

3.功能检测

检查交流接触器动、静触点螺钉是否齐全、牢固,动、静触点是否活动灵活。用万用表测量输出端是否全部断开。用手按下衔铁(动铁芯),动断(常闭)触点应断开,动合(常开)电阻挡测试动断(常闭)触点输入端和输出端是否全部接通,动合(常开)触点输入端和触点应闭合;若不是,则说明接触器相应触点已坏。

交流接触器不动作时,动断(常闭)触点输入端和输出端应全部接通,显示电阻值接近零;动合(常开)触点输入端和输出端应全部断开,显示电阻值为无穷大。

4.外观检测

动、静触点的螺钉应齐全、牢固,活动灵活,外壳无损伤等。

📍 任务实施

1.工作准备

(1)按照工作要求穿戴好安全劳保用品,并分成小组。
(2)学习工作场地安全操作规程,安全文明工作。
(3)了解操作工位的情况,包括设备、仪器仪表、电源电压。
(4)准备相应课程内容的学习资料。

2.器材准备

(1)工具:常用电工工具一套(螺丝刀、钢丝钳、尖嘴钳等)。
(2)仪表:数字万用表、兆欧表。
(3)器件:CJX2 型交流接触器、CJT1-10 型交流接触器若干。

3.实训操作

接触器的拆装。拆卸一只交流接触器,将主要零部件的名称和作用记入表 1.4.1 中。用万用表电阻挡测试各对触点动作前后的电阻值及各类触点的数量、线圈数据,用绝缘电阻表测量每两相触点之间的绝缘电阻,记入表 1.4.1 中。

表 1.4.1 交流接触器的拆卸与测量记录

型号		容量		拆卸步骤	主要零部件	
					名称	作用
触点数量						
常开触点	辅助触点	辅助常开触点	辅助常闭触点			
触点电阻						
常开触点		常闭触点				
动作前	动作后	动作前	动作后			
线圈						
线径	匝数	电压	电阻			

思考题

(1)交流接触器在动作时,动合(常开)触点和动断(常闭)触点的动作顺序是怎样的?

(2)交流接触器和直流接触器的铁芯结构有什么区别?

(3)说出型号为 CJ20-40 时接触器中 CJ、20、40 的含义。

检查评价

对任务实施的完成情况进行检查评价,并将结果填入表 1.4.2 中。

表 1.4.2 认识和拆装交流接触器的任务评价表

自我评价(40 分)				
评价内容	评分标准	配分	得分	扣分原因
1.低压电器的认识	(1)能正确认识交流接触器的结构 (2)能说出交流接触器的作用	15 分		
2.低压电器的拆装	(1)能正确使用仪表测量 (2)能正确进行交流接触器的拆装,并能复原该交流接触器	20 分		
3.安全文明生产	(1)不违反工作安全规程,没有出现安全隐患 (2)规定时间内完成实训操作 (3)不违反考勤和劳保要求	5 分		

自评得分:

续　表

小组互评(30分)			
评价项目内容	配分	得分	扣分原因
1.实训记录与自我评价情况	6分		
2.学习中的纪律和学习效果、知识的掌握情况	6分		
3.相互帮助与协调能力情况	6分		
4.安全意识、质量意识与责任心情况	6分		
5.学习态度和工作态度是否积极、认真	6分		

小组互评得分：

教师评价(30分)

教师综合评价得分：

任务5　认识和拆装热继电器

任务目标

了解热继电器的主要结构，并会拆装、检测及进行参数选择和调节。

任务内容

对 JR36、NR4 系列热继电器进行拆装、检测与参数选择。

实训指导

1.热继电器的功能

热继电器是利用电流流过继电器所产生的热效应来切断电路的保护电器。热继电器主要与接触器配合使用，用作电动机的过载保护、断相保护、电流不平衡运行的保护及其他电气设备发热状态的控制。其电气符号如图 1.5.1 所示。

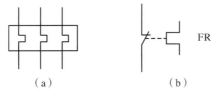

（a）　　　　　　　　（b）

图 1.5.1　热继电器的电气符号

2.热继电器的主要结构

热继电器主要由热元件和触点系统两部分组成。常用的热继电器型号有 JR16、JR20、JR36 等系列,JR 系列热继电器外形如图 1.5.2 所示。其从左到右的触点分别为常开、常闭触点。

图 1.5.2　JR 系列热继电器

正泰 NR3、NR4(JRS2)系列热过载继电器适用于交流 50Hz、额定电压 690V 或 1000V、电流为 0.1～180A 的长期工作的交流电动机的过载与断相保护,具有断相保护、温度补偿、动作指示、自动与手动复位功能,产品动作可靠。NR4 系列热继电器外形如图 1.5.3 所示。热继电器标号 95、96 为常闭触点,标号 97、98 为常开触点。

图 1.5.3　NR4 系列热继电器

3.热继电器的检测

首先,进行外观检测。检查热继电器热元件及动、静触点、螺钉是否齐全牢固,动、静触点是否活动灵活,外壳有无损伤等。

然后,用万用表电阻挡检查热元件及常闭触点输入端和输出端是否全部接通,常开触点输入端和输出端是否断开;若否,则说明热继电器已坏。

当热继电器不动作时,常闭触点输入端和输出端接通,显示电阻值约为 0;常开触点输入端和输出端断开,显示电阻值为无穷大。

当热继电器动作时(按住过载测试按钮),常闭触点输入端和输出端断开,热继电器检测显示电阻值约为无穷大;常开触点输入端和输出端接通,显示电阻值约为 0。

4.热继电器的参数选择和调节

热继电器本身的额定电流等级并不多,但其发热元件编号很多。每种编号都对应一定的电流整定范围,故在使用时应先使发热元件的电流与电动机的电流相适应,然后根据电动机实际运行情况再做上下范围的适当调节。

热元件的额定电流等级一般大于电动机的额定电流。选定热元件后,再 N4-63 根据电动机的额定电流调整热继电器的整定电流,使整定电流与电动机的热继电器检测额定电流基本相等。

热继电器的整定电流是指热继电器长期运行而不动作的最大电流。通常只要负载电流超过整定电流 1.2 倍,热继电器就必须动作。整定电流的调整可通过旋转外壳上方的旋钮完成,旋钮上刻有整定电流标尺,作为调整时的依据。

📍 任务实施

1.工作准备

(1)按照工作要求穿戴好安全劳保用品,并分成小组。

(2)学习工作场地安全操作规程,安全文明工作。

(3)了解操作工位的情况,包括设备、仪器仪表、电源电压。

(4)准备相应课程内容的学习资料。

2.器材准备

(1)工具:常用电工工具一套(螺丝刀、钢丝钳、尖嘴钳等)。

(2)仪表:数字万用表、兆欧表。

(3)器件:热继电器若干。

3.实训操作

(1)热继电器的拆装

打开热继电器外盖,观察热继电器的内部结构,检测各相热元件电阻值,将各零件名称、作用及有关电阻值记入表 1.5.1 中。

表 1.5.1　热继电器基本结构及热元件电阻的检测记录

型号			主要零部件	
			名称	作用
热元件电阻值				
L1 相	L2 相	L3 相		
整定电流值				

(2)热继电器的触点检测

利用万用表电阻挡测量热继电器初始状态下常闭触点和常开触点的电阻值,按下过载测试按钮,再次测量热继电器的常闭触点和常开触点的电阻值,将有关电阻值记入表 1.5.2 中。

表 1.5.2　热继电器的触点好坏检测记录

型号		
触点数量		
触点好坏检测		
	常闭触点电阻值	常开触点电阻值
初始状态		
按下过载测试按钮		

💬 **思考题**

(1)简述热继电器的主要结构。

(2)热继电器的额定电流如何选择?

(3)热继电器的手动复位钮与自动复位钮有什么不同?

📋 **检查评价**

对任务实施的完成情况进行检查评价,并将结果填入表 1.5.3 中。

表 1.5.3　认识和拆装热继电器的任务评价表

自我评价(40 分)				
评价内容	评分标准	配分	得分	扣分原因
1.低压电器的认识	(1)能正确认识热继电器的结构 (2)能说出热继电器的作用	15 分		
2.低压电器的拆装	(1)能正确使用仪表测量 (2)能正确进行热继电器的拆装,并能复原该热继电器	20 分		

续　表

评价内容	评分标准	配分	得分	扣分原因
3.安全文明生产	(1)不违反工作安全规程,没有出现安全隐患 (2)规定时间内完成实训操作 (3)不违反考勤和劳保要求	5分		

自评得分：

小组互评(30分)

评价项目内容	配分	得分	扣分原因
1.实训记录与自我评价情况	6分		
2.学习中的纪律和学习效果、知识的掌握情况	6分		
3.相互帮助与协调能力情况	6分		
4.安全意识、质量意识与责任心情况	6分		
5.学习态度和工作态度是否积极、认真	6分		

小组互评得分：

教师评价(30分)

教师综合评价得分：

任务 6　认识和拆装时间继电器

任务目标

　　了解时间继电器的主要结构,并会拆装及检测。

任务内容

　　对时间继电器进行拆装、检测与时间调节。

实训指导

1.时间继电器的功能

时间继电器是一种利用电磁原理或机械动作原理来实现触头延时闭合或分断的自动控制电器。它从得到动作信号到触头动作有一定的延时,因此广泛应用于需要按时间顺序进行自动控制的电气线路中。其电气符号如图 1.6.1 所示。

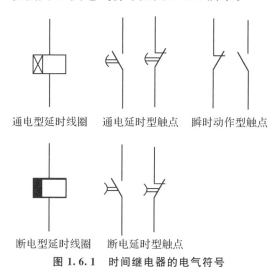

通电型延时线圈　　通电延时型触点　　瞬时动作型触点

断电型延时线圈　　断电延时型触点

图 1.6.1　时间继电器的电气符号

2.空气阻尼式时间继电器的主要结构

空气阻尼式时间继电器产品有 JS7 和 JS23 系列等,主要由电磁机构、触点系统、延时机构、气室及传动机构等部分组成。根据触点延时特点,可分为通电延时(JS7-1A 和 JS7-2A)与断电延时(JS7-3A 和 JS7-4A)两种。JS7-2A 型空气阻尼式时间继电器,具有两对延时动作的触点和两对瞬时动作的触点,如图 1.6.2 所示,线圈的额定电压为交流 127V,其延时范围为 0.4～60s,用螺丝刀可在该范围内进行调节。空气阻尼式时间继电器结构如图 1.6.3 所示。

图 1.6.2　JS7-2A 型空气阻尼式时间继电器

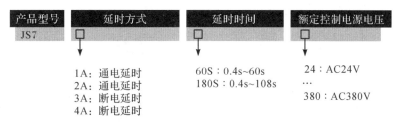

产品型号	延时方式	延时时间	额定控制电源电压
JS7	□	□	□

1A：通电延时　　　60S：0.4s~60s　　　24：AC24V
2A：通电延时　　　180S：0.4s~108s　　…
3A：断电延时　　　　　　　　　　　　　380：AC380V
4A：断电延时

注：1A为延时1常开1常闭
　　2A为延时1常开1常闭；瞬动1常开1常闭
　　3A为延时1常开1常闭
　　4A为延时1常开1常闭；瞬动1常开1常闭

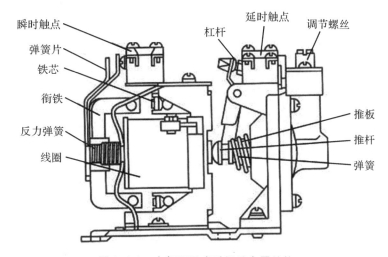

图 1.6.3　空气阻尼式时间继电器结构

3.电子式时间继电器的主要结构

电子式时间继电器产品有 JS13、JS14、JS15、JSZ 3 及 JS20 系列等，全部元件装在印制电路板上，它有装置式和面板式两种类型，装置式具有带接线端子的胶木底座，它与继电器本体部分采用插座连接，然后用底座上的两只尼龙锁扣锚紧。面板式采用的是通用的八只引脚的插针，可直接安装在控制台的面板上。根据触点延时的特点，其分为通电延时型和断电延时型，JSZ3 为通电延时型时间继电器，如图 1.6.4(a)所示，JSZ3F 为断电延时型时间继电器，如图 1.6.4(b)所示。

（a）通电延时型　　　　　　（b）断电延时型

图 1.6.4　电子式时间继电器

4.时间继电器的检测

观察空气阻尼式时间继电器动、静触点,检查螺钉是否齐全、牢固,动、静触点机械部位是否活动灵活。用万用表电阻挡测试线圈、常闭触点输入端和输出端是否全部接通,常开触点输入端和输出端是否全部断开,用一字螺钉旋具顺、反向旋转调节杆,看时间继电器人为动作后有无延时作用,若否,则说明时间继电器已坏。时间继电器不动作时线圈及常闭触点输入端和输出端全部接通,常开触点输入端和输出端全部断开。

以通电延时继电器为例,时间继电器底座下排第三个标号为①,依次逆时针开始标号为①~⑧。标号②⑦接电源,⑤⑥⑧为一组,①③④为一组,其中⑧和①分别为各自的公共端,上排从左至右分别为延时闭合(常开)、延时断开(常闭)、延时断开(常闭)、延时闭合(常开)触点,如图 1.6.5 所示。

图 1.6.5　时间继电器底座接线图

任务实施

1.工作准备

(1)按照工作要求穿戴好安全劳保用品,并分成小组。

(2)学习工作场地安全操作规程,安全文明工作。

(3)了解操作工位的情况,包括设备、仪器仪表、电源电压。

(4)准备相应课程内容的学习资料。

2.器材准备

(1)工具:常用电工工具一套(螺丝刀、钢丝钳、尖嘴钳等)。

(2)仪表:数字万用表、兆欧表。

(3)器件:空气阻尼式时间继电器 JS7-2A、JS7-4A 若干,电子式时间继电器 JSZ3、JSZ3F 若干。

3.实训操作

(1)空气阻尼式时间继电器的主要结构

观察空气阻尼式时间继电器的结构,将主要零件名称、作用及触点数量记入表1.6.1中。

表 1.6.1　空气阻尼式时间继电器结构检测记录

型号	线圈额定电压	主要零部件	
		名称	作用
常开触点数	常闭触点数		
延时触点数	瞬时触点数		
延时分断触点数	延时闭合触点数		

(2)空气阻尼式时间继电器的触点检测

用万用表电阻挡测量空气阻尼式时间继电器初始状态下延时触点和瞬时触点的电阻值;先用一字螺钉旋具调节延时时间 3s,再用手按住衔铁,再次测量按住衔铁瞬间和 3s 后时间继电器的延时常开触点与延时常闭触点、瞬时常开触点和瞬时常闭触点的电阻值。有关电阻值记入表 1.6.2 中。

表 1.6.2　空气阻尼式时间继电器的触点检测记录

型号	电阻值			
	延时触点		瞬时触点	
	常开触点	常闭触点	常开触点	常闭触点
初始状态				
按住衔铁				
按住衔铁 3s 后				

（3）时间继电器的时间调节

空气阻尼式时间继电器定时精确度不高,时间调节直接用一字螺钉旋具转动调节旋钮,最长延时时间为 180s;电子式时间继电器定时精度高,延时时间长,时间调节直接转动时间调节盘面,使指针指向设定的时间刻度即可。

 思考题

（1）空气阻尼式时间继电器 JS7-1A 和 JS7-2A 结构上有什么不同？ JS7-2A 和 JS7-4A 结构上又有什么不同？

（2）查阅相关资料,电子式时间继电器最长延时时间可达多少？

（3）电子式时间继电器在没有通电的情况下,如何测量触点通断情况？

检查评价

对任务实施的完成情况进行检查评价,并将结果填入表 1.6.3 中。

表 1.6.3　认识和拆装时间继电器的任务评价表

自我评价（40 分）				
评价内容	评分标准	配分	得分	扣分原因
1.低压电器的认识	（1）能正确认识时间继电器的结构 （2）能说出时间继电器的作用	15 分		
2.低压电器的拆装	（1）能正确使用仪表测量 （2）能正确进行时间继电器的拆装,并能复原该时间继电器	20 分		
3.安全文明生产	（1）不违反工作安全规程,没有出现安全隐患 （2）规定时间内完成实训操作 （3）不违反考勤和劳保要求	5 分		
自评得分：				
小组互评（30 分）				
评价项目内容		配分	得分	扣分原因
1.实训记录与自我评价情况		6 分		

续　表

评价项目内容	配分	得分	扣分原因
2.学习中的纪律和学习效果、知识的掌握情况	6分		
3.相互帮助与协调能力情况	6分		
4.安全意识、质量意识与责任心情况	6分		
5.学习态度和工作态度是否积极、认真	6分		

小组互评得分：

教师评价(30分)

教师综合评价得分：

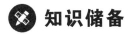 **知识储备**

常用低压电器的认识

继电器-接触器控制电路由各种低压电器组成。"电器"是指可以根据控制指令,自动或手动接通和断开电路,实现对用电设备或非电对象的切换、控制、保护、检测和调节的电气设备,如各种开关、继电器、接触器、熔断器等。而"低压电器"是指工作电压在交流1200 V或直流1500 V以下的电器。下面简述常用低压电器的用途、结构、工作原理、选用要求。

1.开启式负荷开关

(1)用途与结构

开启式负荷开关是刀开关的一种,主要用于不频繁接通和分断容量不大的低压供电线路,以及作为电源隔离开关,也可以用来直接启动小容量(5.5 kW 以下)的三相异步电动机。其系列代号为 HK,外形、结构和图形符号如图 1.6.6 所示,文字符号用 **QS** 表示。

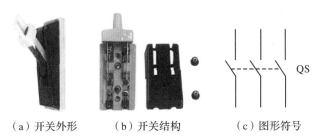

| （a）开关外形 | （b）开关结构 | （c）图形符号 |

图 1.6.6　开启式负荷开关的外形、结构和图形符号

常用 HK 系列开启式负荷开关的型号含义如图 1.6.7 所示。

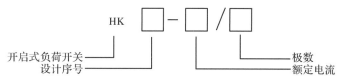

图 1.6.7　常用 HK 系列开启式负荷开关的型号含义

（2）安装与使用

➢　在选用开启式负荷开关时，主要根据额定电压、极数、额定电流、负载性质、控制功能等因素进行选择。

➢　安装时，开启式负荷开关在合闸状态下手柄应该向上，不能倒装和平装，以防止闸刀松动落下时误合闸。

➢　安装开关的进出线时，必须按照电源和负载的标示接线，接线时注意电源进线先进闸刀的静触点，出线接在熔断器上。这样，当开关断开时，闸刀和熔体均不带电，以保证更换熔体时的安全。

➢　安装熔丝时注意接触要紧密可靠，不能过松和过紧。

➢　操作开关时人不要正对开关进行拉闸或合闸；若更换熔丝，必须在分闸时进行。

➢　开关的金属外壳要可靠接地。

2．组合开关

（1）用途与结构

组合开关是旋转手柄使开关动作的，因而组合开关又称转换开关。组合开关使用灵活、种类繁多，常用于电路的控制和切换。普通的组合开关的系列代号为 HZ，如 HZ10-603 型（HZ10 系列、额定电流 60A、三极），普通的 HZ 系列组合开关型号的结构及含义也与 HK 系列的相仿。此外，也有一些特殊用途的组合开关可专门完成一些固定的控制功能。组合开关的外形、结构及图形符号，如图 1.6.8 所示。

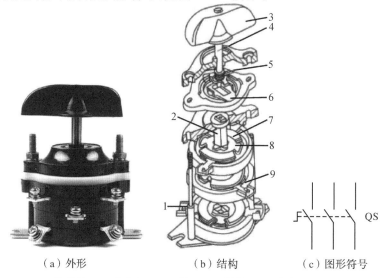

（a）外形　　　　　　（b）结构　　　　　（c）图形符号

1—接线柱；2—绝缘杆；3—手柄；4—转轴；5—弹簧；6—凸轮；
7—绝缘垫板；8—动触头；9—静触头。

图 1.6.8　组合开关的外形、结构及图形符号

（2）安装与使用

组合开关结构紧凑，体积小，便于装在电气控制面板上和控制箱内，常用于不频繁地接通和分断小容量用电设备与三相异步电动机，组合开关的额定电流一般选用设备工作电流的 1.5～2.5 倍。外壳金属部分需要接地保护。

3.低压断路器

（1）用途与结构

低压断路器是一种既有手动开关作用又能自动进行欠压、失压、过载和短路保护的电器。低压断路器的结构形式多样，一般按结构形式、控制电流的大小、动作方式来分类。目前主要有万能式断路器和塑料外壳式断路器两大类。万能式断路器又称"框架式"断路器，其代表产品有 DW10 和 DW15 系列，主要用于大电流配电电路的控制。塑料外壳式断路器的产品型号为 DZ 系列。常用的有保护电动机的 DZ5 和 DZ15 型，配电及保护用的 DZ10 和 DZ20 型等，它可以单极开关为单元组合拼装成双极、三极、四极，拼装的多极开关需要在手柄上加一联动杆，以使其同步动作。低压断路器的外形、结构及图形符号如图 1.6.9 所示。

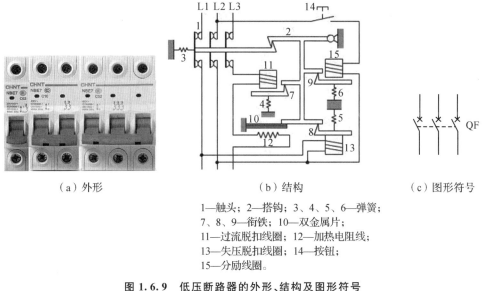

（a）外形　　　　　　　（b）结构　　　　　　（c）图形符号

1—触头；2—搭钩；3、4、5、6—弹簧；
7、8、9—衔铁；10—双金属片；
11—过流脱扣线圈；12—加热电阻线；
13—失压脱扣线圈；14—按钮；
15—分励线圈。

图 1.6.9　低压断路器的外形、结构及图形符号

常用低压断路器的型号含义如图 1.6.10 所示。

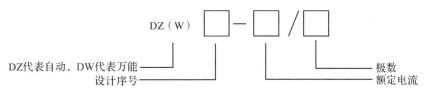

图 1.6.10　常用低压断路器的型号含义

（2）安装与选用

低压断路器具有操作安全、安装方便、工作可靠、动作参数可调、分断能力强、兼顾多种保护、其脱扣器可重复使用、不必更换动作元件等优点。目前还与漏电检测器一起构成漏电保护的自动开关,因此得到了广泛应用。除用于电动机控制电路外,还在各种低压配电线路中使用。选用原则如下。

> 低压断路器的额定电压和额定电流应不小于电路的额定电压和最大工作电流。
> 热脱扣器的整定电流应与所控制负载的额定工作电流一致。
> 欠电压脱扣器额定电压应等于电路额定电压。
> 过电流脱扣器的瞬时脱扣整定电流应大于负载正常工作时的最大电流。

对于单台电动机,DZ系列过电流脱扣器的瞬时脱扣整定电流 I_Z 为

$$I_Z \geqslant (1.5 \sim 1.7) I_q$$

式中:I_q——电动机的启动电流。

对于多台电动机,DZ系列过电流脱扣器的瞬时脱扣整定电流 I_Z 为

$$I_Z \geqslant (1.5 \sim 1.7) I_{qmax} + \sum I_N$$

式中:I_{qmax}——最大一台电动机的启动电流;

$\sum I_N$——其他电动机的额定电流之和。

4.熔断器

(1)用途与结构

熔断器是一种结构简单、使用方便、价格低廉、控制有效的短路保护电器,它串联在电路中。当电路或用电设备发生短路时,熔体能自动熔断,切断电路,阻止事故蔓延,因而能实现短路保护。无论是在强电系统中还是在弱电系统中,熔断器都得到了广泛应用。熔断器的外形如图1.6.11(a)所示,熔断器的图形符号如图1.6.11(c)所示。

熔断器主要由熔体[俗称保险丝,如图1.6.11(b)所示]和安装熔体的熔管或熔座组成,熔体是熔断器的主要部分,其材料一般由熔点较低、电阻率较高的铝锑合金丝、铅锡合金丝或铜丝制成。熔管是装熔体的外壳,由陶瓷、绝缘钢纸或玻璃纤维制成,在熔体熔断时兼有灭弧作用,熔断器的熔体与被保护的电路串联。当电路正常工作时,熔体允许通过一定大小的电流而不熔断。当电路发生短路或严重过载时,熔体中流过很大的故障电流,一旦电流产生的热量达到熔体的熔点,熔体便熔断,切断电路,从而达到保护电路的目的。

(a)外形　　　　　(b)熔体　　　　　(c)图形符号

图1.6.11　熔断器的外形、熔体及图形符号

①插入式(瓷插式)熔断器

插入式熔断器由瓷座、静触头、动触头及熔丝等部件组成,熔体(熔丝)装在瓷插件两

端的动触头上,中间经过凸起部分。当熔体熔断时,所产生的电弧被凸起部分隔开,使其迅速熄灭。更换熔体时可拔出瓷插件,操作安全,使用方便。其缺点是动、静触头间容易接触不良,特别是装在振动的机械上容易松脱,造成电动机断相运行,而且不方便观察熔体是否已熔断,其产品系列代号为 RC。

②螺旋式熔断器

螺旋式熔断器的分断电流较大,可用于电压等级 500V 及以下、电流等级 200A 及以下的电路中,起短路保护的作用。螺旋式熔断器由熔芯及其支持件(瓷底座、瓷套和带螺纹的瓷帽)组成。熔体装在熔芯内并填满灭弧用的石英砂,熔芯上端有一色点,是熔体熔断的标志,熔体熔断后色标脱落,需要更换熔芯。在安装熔芯时,注意将熔芯的色点向上,通过瓷帽上的观察孔可以观察熔芯的状况。螺旋式熔断器因为体积小,熔芯被瓷帽旋紧后不容易因振动而松脱,所以常用在机床电路中,其产品系列代号为 RL,常用的有 RL1、RL6、RL7 等系列。

常用的低压熔断器型号含义如图 1.6.12 所示。

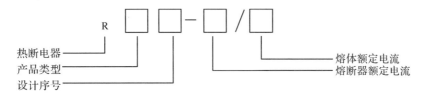

产品型:C-插入式;L-螺旋式;M-无填料封闭管式;T-有填料封闭管式;S-快速式

图 1.6.12　常用的低压熔断器型号含义

(2)安装与使用

①熔断器的选择

➤ 在机床控制线路中,多选用 RL1 系列螺旋式熔断器。

➤ 对照明、电热等电流较平稳、无冲击电流的负载短路保护,熔体的额定电流应等于或稍大于负载的额定电流。

➤ 对于一台不经常启动且启动时间不长的电动机的短路保护,熔体的额定电流 I_{Rv} 应大于或等于 1.5～2.5 倍电动机额定电流 I,即

$$I_{RN} = (1.5 \sim 2.5) I_N$$

对于频繁启动或启动时间较长的电动机,上式的系数应增加到 3～3.5。

➤ 对多台电动机进行短路保护,熔体的额定电流应大于或等于其中最大容量电动机的额定电流的 1.5～2.5 倍加上其余电动机额定电流的总和,即

$$I_{RN} = (1.5 \sim 2.5) I_N + \sum I_N$$

➤ 熔断器额定电压和额定电流的选择,熔断器的额定电压必须等于或大于线路的额定电压,熔断器的额定电流必须等于或大于所装熔体的额定电流。

➤ 熔断器的分断能力应大于电路中可能出现的最大短路电流。

②熔断器的安装与使用

➤ 熔断器应完整无损,安装时应保证熔体和夹座接触良好,并具有额定电压、额定电流值标志。

➤ 螺旋式熔断器的电源线应接在瓷底座的下接线座上,负载线应接在螺纹壳的上接线座上。这样在更换熔断管时,旋出螺帽后螺纹壳上不带电,保证了操作者的安全。

> ➢ 熔断器内要安装合格的熔体,不能用多根小规格熔体并联代替一根大规格熔体。
> ➢ 安装熔断器时,各级熔体应相互配合,并做到下一级熔体规格比上一级为熔体规格小。
> ➢ 更换熔体或熔管时,应切断电源,严禁带负荷操作,以免发生电弧灼伤。

5.主令电器

主令电器是指在电气自动控制系统中用来发出信号指令的电器。它的信号指令将控制继电器、接触器和其他电器的动作,接通和分断被控制电路,以实现对电动机和其他生产机械的远距离控制。目前在生产中用得最广泛而结构又比较简单的主令电器有按钮和行程开关两种。

(1)按钮的用途与结构

按钮开关是一种手动电器,常称为控制按钮或按钮,主要用于人们对电路发出控制指令。作为一种主令电器,按钮常用于接通和分断控制电路。

按钮开关的种类很多,有单个的,也有两个或数个组合的;有不同触点类型和数目的;根据使用需要还有带指示灯的和旋钮式、钥匙开启式、锁闭式、防水式、防爆式等。国产的一般常用类型有 LA10、LA18、LA19、LA20、LA25 等系列,其中 LA25 为更新换代产品。按钮开关的型号含义如图 1.6.13 所示。

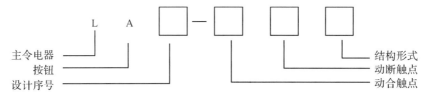

图 1.6.13　按钮开关的型号含义

按钮的外形、内部结构和图形符号,如图 1.6.14 所示,按钮的文字符号是 SB;当按下按钮帽时,由推杆带动上面的常闭触点先断开,下面的常开触点后闭合;当松开按钮帽时,在复位弹簧作用下触点复位,动作顺序相反,下面的常开触点先断开,上面的常闭触点后闭合,在分析电路的控制原理时要注意动作次序。

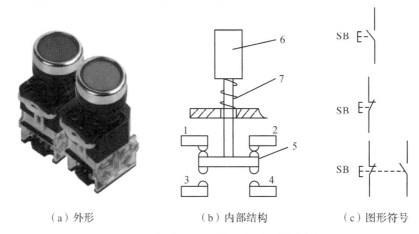

（a）外形　　　　　（b）内部结构　　　　　（c）图形符号

1、2—常闭触点；3、4—常开触点；
5—推杆；6—按钮帽；7—复位弹簧。

图 1.6.14　按钮的形状、内部结构及图形符号

（2）按钮的安装与使用

➤ 根据控制的需要选择按钮的功能和形式。

➤ 一般按钮的触点控制电流不大于 5A。

➤ 按钮的金属外壳使用时需要接地保护。

➤ 为了便于操作人员识别，避免发生误操作，生产中用不同的颜色和符号来区分按钮的功能及作用，不能乱用，特别是红色按钮一定要用于停止控制。常用按钮的颜色及含义如表 1.6.4 所示。

表 1.6.4　常用按钮的颜色及含义

颜色	含义	说明	使用示例
红	紧急	危险或紧急情况时操作	急停
黄	异常	异常情况时操作	干预、中断自动循环
绿	安全、正常	安全、正常情况准备时操作	启动/接通
黑	无特定含义	除急停以外的一般功能的启动	启动/停止

（3）行程开关的用途与结构

行程开关是一种将机械信号转换为电信号，以控制运动部件位置的自动控制电器。它的作用与按钮相同，只是其触点的动作不是靠手动操作，而是利用机械运动部件上的挡铁与行程开关碰撞，使其触点动作，向控制电路发出信号以实现对机械设备的位置控制。常用的产品有 LX19、LX21、LX23、JLXk1 等系列，选用时要注意区别。其外形、结构及电气符号如图 1.6.15 所示。

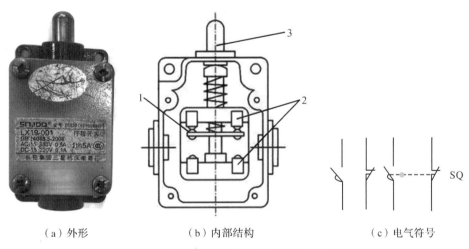

（a）外形　　　　　　（b）内部结构　　　　　　（c）电气符号

1—常开触头；2—常闭触头；3—推杆。

图 1.6.15　行程开关外形、内部结构及电气符号

6. 接触器

（1）用途与结构

接触器主要用于控制电动机、电热设备、电焊机、电容器组等，能频繁地接通或断开交直流主电路，实现远距离自动控制。它具有低电压释放保护功能，在电力拖动自动控制电

路中应用广泛。

接触器有交流接触器和直流接触器两大类型。下面介绍交流接触器。

交流接触器由电磁系统、触点系统、灭弧系统和其他部件组成。交流接触器的结构如图 1.6.16 所示。交流接触器的图形符号如图 1.6.17 所示,其文字符号是 KM。

➤ 电磁系统由静铁芯、动铁芯和电磁线圈组成。

➤ 触点系统包括主触点和辅助触点。主触点一般为三极动合触点,用于控制三相负载的主电路;辅助触点用于控制电路,起电气联锁或控制作用,通常有两对动合(常开)触点和两对动断(常闭)触点。

➤ 灭弧系统分为双触点桥式结构和灭弧装置两部分,把触点一分为二可减少电弧的形成;较大容量的接触器主触点还配有灭弧罩。

➤ 其他部件包括反作用弹簧、缓冲弹簧、触点压力弹簧、传动机构及外壳等。

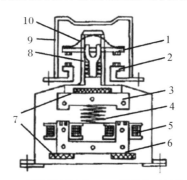

1—辅助常闭触头;2—辅助常开触头;
3—衔铁;4—缓冲弹簧;5—电磁线圈;
6—铁芯;7—垫毡;8—触头弹簧;
9—灭弧罩;10—触头压力弹簧。

图 1.6.16　交流接触器的结构

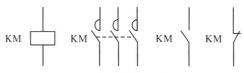

图 1.6.17　交流接触器的图形符号

常用接触器的型号含义,如图 1.6.18 所示。

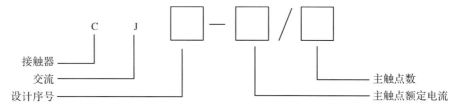

图 1.6.18　常用接触器的型号含义

(2)工作原理

当电磁线圈通电后,产生的电磁吸力将动铁芯往下吸,带动动触点向下运动,使动断触点断开、动合触点闭合,从而分断和接通电路。当线圈断电时,动铁芯在反作用弹簧的作用下向上弹回原位,动合触点重新断开、动断触点重新接通。由此可见,接触器实际上是一个电磁开关,它由电磁线圈电路控制触点开关的动作。

(3)安装与使用

①接触器的选择

➤ 主触点控制电源的种类:交流或直流。

➤ 主触点的额定电压和额定电流:接触器主触点的额定电压应大于或等于线路的额定电压;主触点的额定电流应按负载的性质和电流大小计算,对于电动机控制电路可按下式计算:

$$I_C = K I_N$$

式中:I_C——接触器主触点的额定电流。

K——经验系数,一般正常使用的电动机 K 取 1.1~1.4。

I_N——电动机的额定电流。

➤ 辅助触点的种类、数量及触点额定电流。

➤ 电磁线圈的电源种类、频率和额定电压。

➤ 额定操作频率(次/小时),即每小时允许接通的最多次数。

②交流接触器的安装和使用

➤ 交流接触器一般应安装于垂直面上,倾斜度不得超过 5°,同时要考虑散热和防止飞弧绕坏其他电器。

➤ 安装要牢固,防止松动和振动。接线时注意导线要压紧,不能使交流接触器受到拉力,不能让杂物进入接触器内部。

➤ 交流接触器使用时灭弧装置必须完整有效,否则不能通电运行。

7.常用继电器

继电器是一种小信号控制电器,它利用电流、时间、速度、温度等信号来接通和分断小电流电路,广泛用于电动机或电路的保护及各种生产机械的自动控制。由于继电器容量小,一般都不用来控制主电路,而是通过接触器和其他开关设备对主电路进行控制,因此继电器载流容量小,不需要灭弧装置,设计控制电流不大于 5A,但对继电器动作的准确性则要求较高。常用的有热继电器、中间继电器、时间继电器等。

(1)热继电器

热继电器主要用于电动机的过载保护。电动机在工作时,当负载过大、电压过低或发生一相断路故障时,电动机的电流都要增大,其值往往超过额定电流。如果超过不多,电路中熔断器的熔体不会熔断,但时间长了会影响电动机的寿命,甚至烧毁电动机,因此需要有过载保护。

①用途与结构

双金属片式热继电器因为结构简单、体积较小、成本较低,所以应用最广泛。热继电器的图形符号如图 1.6.19 所示,文字符号为 FR。

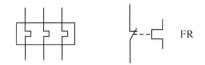

图 1.6.19　热继电器的图形符号

热继电器主要由热元件和触点系统两部分组成。其基本工作原理是:双金属片由两种不同热膨胀系数的金属材料压合而成,绕在双金属片外面的发热元件串联在电动机的主电路中。当电动机过载时,过载电流通过串联在定子电路中的热元件产生的热量大于正常的发热量,双金属片受热膨胀,因膨胀系数不同,膨胀系数较大的一片弯曲程度更大,使得双金属片向左弯曲;电流越大,过载时间越长,热量积累越多,双金属片弯曲越大,当达到一定程度时通过导板推动补偿双金属片使推杆绕轴运动,将动断触头断开。双金属片式热继电器的结构如图 1.6.20 所示。

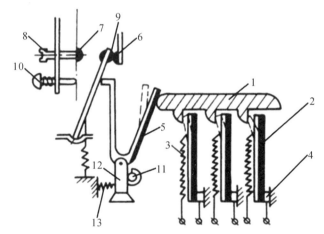

1—接线端子;2—主双金属片;3—热元件;4—推动导板;
5—补偿双金属片;6—常闭触头;7—常开触头;8—复位调节螺钉;
9—动触头;10—复位按钮;11—偏心轮;12—支撑件;13—弹簧。

图 1.6.20　双金属片式热继电器的结构图

热继电器动作后要等一段时间,待双金属片冷却后,才能使触点复位;还可通过调节自动/手动复位选择调节螺钉选择手动复位。热继电器动作电流值大小可用位于复位按钮旁边的旋钮进行调节。

必须注意的是,熔断器和热继电器这两种保护电器,都是利用电流的热效应原理进行过流保护的,但它们的动作原理不同,用途也有所不同,不能混淆。熔断器是熔体直接受热而在瞬间迅速熔断,主要用于短路保护,一般不用于电动机的过载保护;而热继电器动作有一定的惯性延时,在过流时不可能迅速切断电路,所以绝不能用于短路保护。因此为了使电动机控制电路有比较好的保护性能,应该是熔断器和热继电器同时使用。

常用的热继电器有 JR16、JR20 等系列,其型号含义如图 1.6.21 所示。

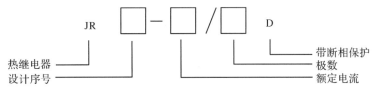

图 1.6.21　常用的热继电器 JR16、JR20 等系列的型号含义

②安装与使用

➤ 热电器必须按照产品说明书中规定的方式安装。安装处的环境温度应与电动机所处的环境温度基本相同。当与其他电器安装在一起时,应注意将热继电器安装在其他电器的下方,以免其动作特性受到其他电器发热的影响。

➤ 热继电器出线端的连接导线应按规定选用,否则会影响热继电器的动作灵敏度。

➤ 热继电器在出厂时均调整为手动复位方式,如果需要自动复位,只要将复位螺钉顺时针方向旋转 3～4 圈,并稍微拧紧即可。

➤ 一种型号的热继电器可配有若干种不同规格的热元件,并有一定的调节范围,应根据电动机的额定电流来选择热元件,并根据一般三相异步电动机的工作特性和过载能力,用动作电流调节旋钮将其整定在电动机额定电流的 0.95～1.05 倍处。

（2）中间继电器

中间继电器是最常用的继电器之一,它的结构和接触器基本相同,只是它的电磁系统较小,触点没有主、辅之分。中间继电器的外形和图形符号如图 1.6.22 所示,文字符号是 KA。中间继电器实质上是一种电压继电器,它是根据输入电压的有无而动作的,一般触点对数多,触点额定电流 5～10A,动作灵敏度高,一般不用于直接控制电路的负载;但当电路的负载电流在 5～10A 时,也可代替接触器起控制负载的作用。

（a）不同型号中间继电器外形　　　　（b）中间继电器的图形符号

图 1.6.22　中间继电器的外形和图形符号

（3）时间继电器

①用途与结构

时间继电器,也称延时继电器,当对其输入信号后,需要经过一段时间(延时),输出部分才会动作。时间继电器主要对时间进行控制,在电动机控制电路中也很常用。目前时间继电器的种类较多,有空气阻尼式、电动式、电子式等。

在旧式机床控制电路中应用较多的是空气阻尼式时间继电器,其结构与图形符号如图 1.6.23 所示,文字符号是 KT。根据触点的延时工作特性,可分为通电延时型和断电延时型两种。

由于电子式时间继电器具有控制精度高、延时范围广,在延时过程中延时显示直观等诸多优点,是传统时间继电器无法比拟的,故在先进自动控制领域已基本取代了传统的时间继电器。不同型号的电子式时间继电器如图 1.6.24 所示。

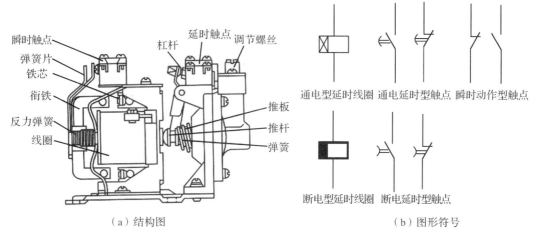

| （a）结构图 | （b）图形符号 |

图 1.6.23　空气阻尼式时间继电器的结构与图形符号

（a）　　　　　　　　（b）　　　　　　　　（c）

图 1.6.24　不同型号的电子式时间继电器

②安装与选用

➢　正确选择时间继电器的类型、工作电压、延时范围和延时方式,时间继电器应按说明书规定的方法牢固安装。

➢　时间继电器的整定值,应预先在不通电时进行整定,并在试车时校正。

➢　时间继电器金属底板上的接地螺丝必须与接地线可靠连接。

➢　使用时,应经常清除灰尘及油污,定期校验。

项目 2　电气基本控制线路的接线与装调

项目分析

　　三相异步电动机是目前应用最广泛的拖动电动机,因此对三相异步电动机的运行模式要求多样。通过对电气基本控制线路原理的学习、实操的训练,以达到理解原理图的组成,掌握电气线路安装、接线与调试技能的目的。

项目目标

　　(1)熟悉常用电压电气的结构、工作原理、型号规格、使用方法及其在控制电路中的作用。

　　(2)熟悉三相异步电动机常用电路的工作原理、接线方法、调试及故障排除的技巧。

　　(3)能够根据电气原理图绘制安装接线图,按工艺要求完成电气控制电路的连接,并能进行电路的检查和故障排除。

项目任务

　　根据三相异步电动机常用电路电气原理图绘制相应的安装接线图,按工艺要求完成电气控制电路的连接,并能进行电路的检查和故障排除。

任务 1　电动机单向启停控制线路的装调

任务目标

　　(1)理解自锁的作用和实现方法。

　　(2)识读电动机单向启停控制线路的工作原理图。

　　(3)掌握电动机单向启停控制线路的安装与调试。

任务内容

根据电动机单向启停控制线路原理绘制安装接线图,按工艺要求完成电气电路的连接,并能进行电路的检查和故障的排除。

实训指导

1.识读电路图

电动机单向启停控制线路原理如图 2.1.1 所示。其工作原理如下:

(1)合上电源开关 QF,接通电源

(2)启动控制

按下启动按钮SB2 → 接触器KM线圈得电吸合 ┬→ KM主触点闭合 → 电动机M得电启动运行

└→ KM辅助常开触点闭合 → 自锁控制

(3)停止控制

按下停止按钮SB1 → 接触器KM线圈失电断开 ┬→ KM主触点断开 → 电动机M断电停止

└→ KM辅助常开触点断开 → 自锁控制解除

(4)过载保护

电动机过载 → 热继电器FR动作 → FR常闭触点断开 → KM线圈失电断开 →

→ KM主触点断开 → 电动机M断电停止

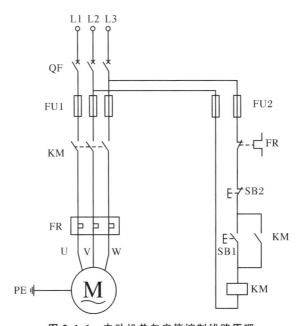

图 2.1.1　电动机单向启停控制线路原理

2.检测元器件

按照图 2.1.1 所示,配齐所需元器件,并进行相应检测。在不通电的情况下,用万用表或目视检查各元器件触点的通断情况是否良好;检查熔断器的熔体是否完好;检测按钮中的螺丝是否完好,螺纹是否失效;检测接触器的线圈额定电压是否与电源电压相符。

3.安装与接线

(1)绘制电路安装接线图

根据图 2.1.1 绘制出电动机单向启停控制线路的安装接线图,如图 2.1.2 所示。在控制板上进行元器件的布置与安装时,各元器件的安装位置应整齐、匀称、间距合理,便于元器件的更换。紧固各元器件时要用力均匀。在紧固熔断器、接触器等易碎元器件时,应用手按住元器件,一边轻轻摇动,一边用螺丝刀轮流旋紧对角线上的螺丝,直至手感觉摇不动后再适度旋紧即可。

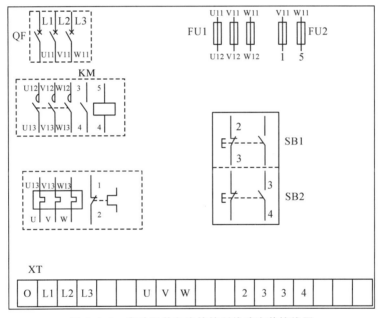

图 2.1.2 电动机单向启停控制线路安装接线图

(2)接线

根据安装接线图进行板前明线布线。板前明线布线的工艺要求如下。

➢　布线通道尽可能地少,同路并行导线按主电路、控制电路分类集中,单层密排,紧贴安装面布线。

➢　同一平面的导线应高低一致或前后一致,走线合理,不能交叉或架空。

➢　对螺栓式接线端子,导线连接时应打钩圈,并按顺时针旋转;对瓦片式接线端子,导线连接时直线插入接线端子固定即可。导线连接不能压绝缘层,也不能露铜过长。

➢　布线应横平竖直,分布均匀,变换走向时应垂直。

➢　布线时严禁损伤线芯和导线绝缘。

➢　所有从一个接线端子到另一个接线端子的导线必须完整,中间无接头。

➢　一个元器件接线端子上的连接导线不得多于两根。

> 进出线应合理汇集在端子板上。

（3）检查布线

根据安装接线图检查控制板布线是否正确。

（4）安装电动机

根据安装接线图安装电动机。

（5）安装接线时的注意事项

> 按钮内接线时，用力不可过猛，以防螺丝打滑。

> 按钮内部的接线不要接错，启动按钮必须接动合（常开）触点（可用万用表的欧姆挡判别）。

> 接触器的自锁触点应并接在启动按钮的两端；停止按钮应串接在控制电路中。

> 热继电器的热元件应串接在主电路中，其动断（常闭）触点应串接在控制电路中，两者缺一不可，否则不能起到过载保护作用。

> 电动机外壳必须可靠接 PE（保护接地）线。

4．调试

（1）上电前测试

①按电气原理图或安装接线图从电源端开始，逐段核对接线及接线端子处连接是否正确，有无漏接、错接之处。检查导线接线端子是否符合要求，压接是否牢固。

②用万用表检查电路的通断情况。检查时，用数字万用表蜂鸣挡。

检查控制电路时（可断开主电路），可将万用表表笔分别搭在 FU2 的进线端和零线上，此时显示为超出量程标识"1"，蜂鸣挡不鸣叫。按下启动按钮 SB2 或压下接触器 KM 的衔铁时，蜂鸣挡鸣叫。

检查主电路时（可断开控制电路），可以用手压下接触器的衔铁来代替接触器得电吸合时的情况进行检查，依次测试从电源端（L1，L2，L3）到电动机出线端子（U，V，W）上的通断情况，检查是否存在开路现象。

（2）通电测试

操作相应按钮，观察电器动作情况。

合上断路器 QF，接通三相电源，按下启动按钮 SB2，接触器 KM 的线圈通电，衔铁吸合，接触器的主触点闭合，电动机接通电源直接启动运转。松开 SB2 时，KM 的线圈仍可通过 KM 辅助常开触点继续通电，从而保持电动机的连续运行。

（3）故障排除

操作过程中，如果出现不正常现象，应立即断开电源，分析故障原因，仔细检查电路（用万用表），在实训老师认可的情况下才能再通电调试。需要注意的是，万用表的欧姆挡或蜂鸣挡只能在线路断电的情况下使用。

📍 任务实施

1．工作准备

（1）按照工作要求穿戴好安全劳保用品。

（2）学习工作场地安全操作规程，安全文明工作。

（3）了解操作工位的情况，包括设备、仪器仪表、电源电压。

（4）准备相应课程内容的学习资料。

2. 器材准备

（1）工具：常用电工工具一套（螺丝刀、试电笔、钢丝钳、尖嘴钳等）。

（2）仪表：数字万用表。

（3）器件：低压断路器 1 个、熔断器 5 个、热继电器 1 个、组合按钮 1 个、接触器 1 个、接线端子排 1 个、电力拖动板 1 块、36V 三相交流异步电动机等。

（4）电源：36V 三相交流电。

3. 实训操作

（1）在规定时间内按照工艺要求完成三相异步电动机单向启动电路的安装、接线，且通电试验成功。

（2）安装工艺达到基本要求，线头长短适当、接触良好。

（3）遵守安全规程，做到文明生产。

（4）上电测试记录结果填入表 2.1.1 中。

表 2.1.1　三相异步电动机单向启动控制电路上电测试记录

操作步骤	合上 QF	按下 SB1	按住 SB2	松开 SB2	再次按下 SB1
接触器 KM 吸合情况					

 检查评价

对任务实施的完成情况进行检查评价，并将结果填入表 2.1.2 中。

表 2.1.2　电动机单向启停控制线路的装调任务表

安装、接线考核要求及评分标准（30 分）			
内容	考核要求	评分标准	扣分
接线端	对螺栓式接线端子，连接导线时应打钩圈，并顺时针旋转；其余情况，直接插入接线端子固定即可	3 分，每处错误扣 2 分	
	严禁损伤线芯和导线绝缘，接点上不能露太多铜丝（不超过 2cm）	3 分，每处错误扣 2 分	
	每个接线端子上连接的导线根数不超过 2 根，并保证接线牢固	3 分，每处错误扣 2 分	
电路工艺	走线合理，做到横平竖直，整齐，各节点不能松动	3 分，每处错误扣 1 分	
	导线出线应留有一定余量，并做到长度一致	3 分，每处错误扣 1 分	
	布线要走线槽，导线不能漏出线槽	3 分，每处错误扣 2 分	
	避免出现交叉线、架空线、缠绕线和叠压线的现象	3 分，每处错误扣 2 分	

续　表

内容	考核要求	评分标准	扣分
整体布局	元器件布局应合理	3分,每处错误扣1分	
	进出线应合理汇集在端子板上	3分,每处错误扣1分	
	整体走线合理美观	3分,酌情扣分	

上电前测试(20分)

考核要求	评分标准	扣分
合上QF,压下KM衔铁,QF进线端至电动机出线端线路导通,用万用表蜂鸣挡测应为鸣叫	10分,现象错误扣10分	
万用表蜂鸣挡两表笔接控制电路的进线端与出线端,蜂鸣挡不鸣叫;按下SB2或压下KM衔铁,线路导通,蜂鸣挡鸣叫	10分,现象错误扣10分	

通电测试(50分)

考核要求	评分标准	扣分
接通QF,按下SB2,KM线圈得电,KM主触点、辅助触点动作,电动机运转	15分,功能未实现扣15分	
松开SB2,KM线圈依然得电,主触点和辅助触点依然闭合,形成自锁	10分,功能未实现扣10分	
按下SB1,KM线圈失电,KM主触点、辅助触点断开,电动机停转	15分,功能未实现扣15分	
松开SB1,KM主触点、辅助触点不动作,电动机依然停转	10分,功能未实现扣10分	

思考题

(1)说出本次实训所用的元器件(名称、型号、主要参数)。

(2)什么是自锁控制? 自锁的作用是什么? 电路中如何实现自锁? 试分析判断图2.1.3所示控制电路是否能实现自锁控制? 若不能,试说明原因并加以改正。

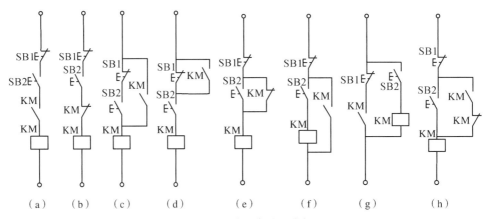

图2.1.3　控制电路图举例

任务 2　接触器互锁正反转控制线路的装调

任务目标

(1)理解接触器互锁的作用和实现方法。

(2)识读接触器互锁正反转控制线路的工作原理图。

(3)掌握接触器互锁正反转控制线路的接线与装调。

任务内容

根据三相异步电动机接触器互锁正反转控制线路原理图绘制安装接线图,按工艺要求完成电气电路的连接,并能进行电路的检查和故障的排除。

实训指导

1.识读电路图

三相异步电动机接触器互锁正反转控制线路原理如图 2.2.1 所示。其工作原理如下:

(1)合上电源开关 QF,接通电源

(2)正转控制

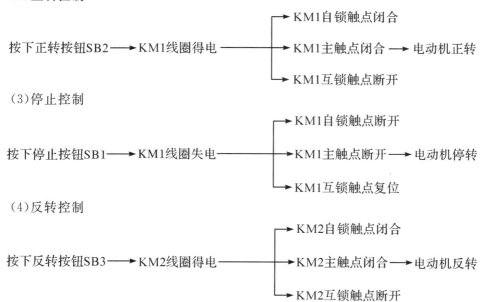

按下正转按钮SB2 —— KM1线圈得电 ——
- KM1自锁触点闭合
- KM1主触点闭合 —— 电动机正转
- KM1互锁触点断开

(3)停止控制

按下停止按钮SB1 —— KM1线圈失电 ——
- KM1自锁触点断开
- KM1主触点断开 —— 电动机停转
- KM1互锁触点复位

(4)反转控制

按下反转按钮SB3 —— KM2线圈得电 ——
- KM2自锁触点闭合
- KM2主触点闭合 —— 电动机反转
- KM2互锁触点断开

注意:电动机正转情况下切换为反转(或反转情况下切换为正转),要先按下停止按钮,使电动机停止运转。运行过程中,直接按反转按钮(或正转按钮)是不能直接切换的。接触器互锁又称电气互锁。

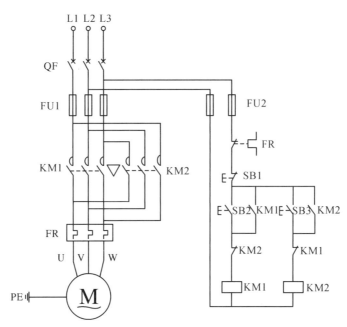

图 2.2.1　三相异步电动机接触器互锁正反转控制电路原理

2．检测元器件

按照图 2.2.1 所示，配齐所需元器件，并进行相应检测。在不通电的情况下，用万用表或目视检查各元器件触点的通断情况是否良好；检查熔断器的熔体是否完好；检测按钮中的螺丝是否完好，螺纹是否失效；检测接触器的线圈额定电压是否与电源电压相符。

3．安装与接线

（1）绘制电路安装接线图

根据图 2.2.1 绘制出三相异步电动机接触器互锁正反转控制电路的电气安装接线图，如图 2.2.2 所示。

（2）接线安装步骤及工艺

与项目 2 任务 1 中相同，此处不再重述。

（3）安装接线注意事项

➤ 按钮内接线时，用力不可过猛，以防螺丝打滑。

➤ 按钮内部的接线不要接错，启动按钮必须接动合（常开）触点（可用万用表的欧姆挡判别）。

➤ 电路中两组接触器的主触点必须换相，图 2.2.1 中的出线端反相，否则不能反转。

4．调试

（1）上电前测试

①按电气原理图或安装接线图从电源端开始，逐段核对接线及接线端子处连接是否正确，有无漏接、错接之处。检查导线接线端子是否符合要求，压接是否牢固。

②用万用表检查电路的通断情况。检查时，用数字万用表蜂鸣挡。

检查控制电路时（可断开主电路），可将万用表表笔分别搭在 FU2 的进线端和零线

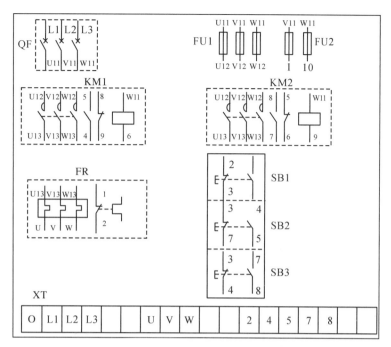

图 2.2.2   三相异步电动机接触器互锁正反转控制电路电气安装接线图

上,此时显示为超出量程标识"1",蜂鸣挡不鸣叫。按下正转按钮 SB2 或反转按钮 SB3 时,蜂鸣挡鸣叫;压下接触器 KM1 或 KM2 的衔铁时,蜂鸣挡鸣叫。同时按下 SB2 和 SB3 或同时压下 KM1 和 KM2 的衔铁,万用表显示为超出量程标识"1",蜂鸣挡不鸣叫。

检查主电路时(可断开控制电路),可以用手压下接触器的衔铁来代替接触器得电吸合时的情况进行检查,依次测试从电源端(L1,L2,L3)到电动机出线端子(U,V,W)上的通断情况,检查是否存在开路现象。

(2)通电测试

操作相应按钮,观察电器动作情况。

合上断路器 QF,接通三相电源,按下正转启动按钮 SB2,接触器 KM1 的线圈通电并自锁,电动机正转运行;按下停止按钮 SB1,KM1 线圈断电,再按下反转启动按钮 SB3,KM2 线圈得电并自锁,电动机反转运行;同时按下 SB2 和 SB3,KM1 和 KM2 线圈都不吸合,电动机不转。按下停止按钮 SB1,电动机停止。

(3)故障排除

操作过程中,如果出现不正常现象,应立即断开电源,分析故障原因,仔细检查电路(用万用表),在实训老师认可的情况下才能再通电调试。需要注意的是,万用表的欧姆挡或蜂鸣挡只能在线路断电的情况下使用。

任务实施

1.工作准备

(1)按照工作要求穿戴好安全劳保用品。

(2)学习工作场地安全操作规程,安全文明工作。

(3)了解操作工位的情况,包括设备、仪器仪表、电源电压。

(4)准备相应课程内容的学习资料。

2.器材准备

(1)工具:常用电工工具一套(螺丝刀、试电笔、钢丝钳、尖嘴钳等)。

(2)仪表:数字万用表。

(3)器件:低压断路器 1 个、熔断器 5 个、热继电器 1 个、组合按钮 1 个、接触器 2 个、接线端子排 1 个、电力拖动板 1 块、36V 三相交流异步电动机等。

(4)电源:36V 三相交流电。

3.实训操作

(1)在规定时间内按照工艺要求完成三相异步电动机接触器互锁正反转控制电路的安装、接线,且通电试验成功。

(2)安装工艺达到基本要求,线头长短适当、接触良好。

(3)遵守安全规程,做到文明生产。

(4)上电测试记录结果填入表 2.2.1 中。

表 2.2.1　三相异步电动机接触器互锁正反转控制电路上电测试记录

操作步骤	合上 QF	按下 SB2	按下 SB3	按下 SB1	再次按下 SB3	再次按下 SB1
接触器 KM 吸合情况						

检查评价

对任务实施的完成情况进行检查评价,并将结果填入表 2.2.2 中。

表 2.2.2　电气基本控制线路的接线与装调任务表

安装、接线考核要求及评分标准(30 分)

内容	考核要求	评分标准	扣分
接线端	对螺栓式接线端子,连接导线时应打钩圈,并顺时针旋转;其余情况,直接插入接线端子固定即可	3 分,每处错误扣 2 分	
	严禁损伤线芯和导线绝缘,接点上不能露太多铜丝(不超过 2cm)	3 分,每处错误扣 2 分	
	每个接线端子上连接的导线根数不超过 2 根,并保证接线牢固	3 分,每处错误扣 2 分	
电路工艺	走线合理,做到横平竖直,整齐,各节点不能松动	3 分,每处错误扣 1 分	
	导线出线应留有一定余量,并做到长度一致	3 分,每处错误扣 1 分	
	布线要走线槽,导线不能漏出线槽	3 分,每处错误扣 2 分	
	避免出现交叉、架空线、缠绕线和叠压线的现象	3 分,每处错误扣 2 分	
整体布局	元器件布局应合理	3 分,每处错误扣 1 分	
	进出线应合理汇集在端子板上	3 分,每处错误扣 1 分	
	整体走线合理美观	3 分,酌情扣分	

上电前测试(20 分)		
考核要求	评分标准	扣分
合上 QF,压下 KM 衔铁,QF 进线端至电动机出线端线路导通,用万用表蜂鸣挡测应为鸣叫	10 分,现象错误扣 10 分	
万用表蜂鸣挡两表笔接控制电路的进线端与出线端,蜂鸣挡不鸣叫;按下 SB2,SB3 或压下 KM1,KM2 衔铁,线路导通,蜂鸣挡鸣叫	10 分,现象错误扣 10 分	
通电测试(50 分)		
考核要求	评分标准	扣分
按下 SB2,KM1 线圈得电,KM1 主触点、辅助触点动作,电动机正转	10 分,功能未实现扣 10 分	
按下 SB3,KM2 线圈不动作,电动机依然正转	10 分,功能未实现扣 10 分	
按下 SB1,KM1 线圈失电,KM1 主触点、辅助触点断开,电动机停转	10 分,功能未实现扣 10 分	
松开 SB3,KM2 主触点、辅助触点动作,电动机依然反转	10 分,功能未实现扣 10 分	
按下 SB1,KM1 线圈失电,KM1 主触点、辅助触点断开,电动机停转	10 分,功能未实现扣 10 分	

💬 思考题

(1)用什么方法可以使三相异步电动机改变转向?

(2)什么是接触器互锁?其在三相异步电动机接触器互锁正反转控制电路中是如何实现的?为什么要设置接触器互锁(电气互锁)?

(3)三相异步电动机接触器互锁正反转控制电路由正转到反转时,为什么必须先按下停止按钮?

任务 3　双重联锁正反转控制线路的装调

📋 任务目标

(1)理解接触器、按钮双重联锁的作用和实现方法。

(2)识读三相异步电动机接触器、按钮联锁正反转控制电路的工作原理图。

(3)掌握接触器、按钮双重联锁正反转控制电路的接线与装调。

🔖 任务内容

根据三相异步电动机接触器、按钮双重联锁正反转控制电路原理图绘制安装接线图,按工艺要求完成电气电路的连接,并能进行电路的检查和故障排除。

实训指导

1.识读电路图

三相异步电动机接触器、按钮双重联锁正反转控制电路原理如图 2.3.1 所示。其工作原理如下：

（1）合上电源开关 QF，接通电源

（2）正转控制

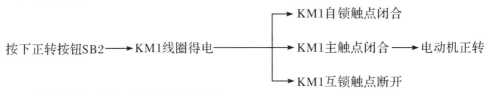

（3）反转控制（直接正转切换或反转）

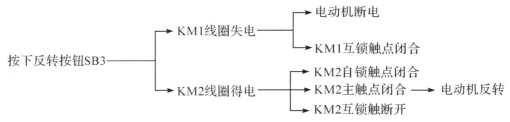

（4）停止控制

该电路中采用 KM1 和 KM2 两个接触器，当 KM1 主触点接通时，三相电源按 L1—L2—L3 相序接入电动机。而当 KM2 主触点接通时，三相电源按 L3—L2—L1 相序接入电动机。所以当两个接触器分别工作时，电动机的旋转方向相反。

与项目 2 任务 2 相同，KM1 和 KM2 这两对常闭辅助触点在电路中所起的作用为电气互锁，但在任务 2 中，需要电动机转向时，必须先操作停止按钮，再操作反方向启动按钮，即电路实现的是"正—停—反"的控制功能，这在某些场合下使用不方便。

实际工作中，通常要求实现电动机正反转操作的直接切换，即要求电动机正向运转时操作正向启动按钮，而此时如果要求电动机反向运转，则可以直接操作反向启动按钮，无须先按下停止按钮。因此本任务在控制电路中引入了按钮互锁的环节。将正反转启动按钮的常闭触点串接在反正转接触器线圈电路中，起互锁作用，这种互锁称按钮互锁，又称机械互锁。

既有电气互锁又有按钮互锁，即为双重互锁。

2.检测元器件

按照图 2.3.1 所示，配齐所需的元器件，并进行必要的检测。在不通电的情况下，用万用表或目视检查各元器件触点的通断情况是否良好；检查熔断器的熔体是否完好；检查按钮中的螺丝是否完好，螺纹是否失效；检查接触器的线圈额定电压与电源电压是否相符。

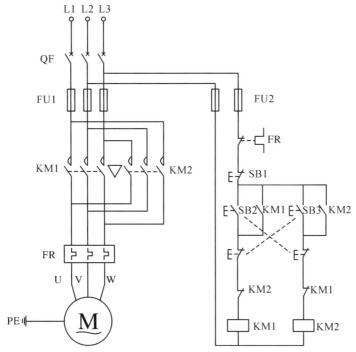

图 2.3.1　接触器、按钮双重联锁正反转控制电路原理

3.安装与接线

（1）绘制电气安装接线图

根据图 2.3.1 绘制出三相异步电动机接触器、按钮双重联锁正反转控制电路的电气安装接线图，如图 2.3.2 所示。

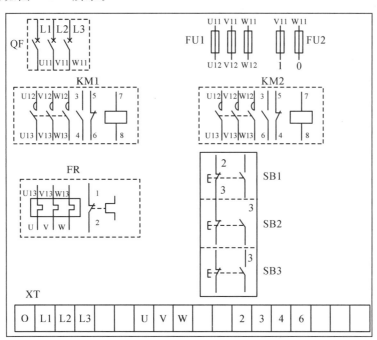

图 2.3.2　三相异步电动机接触器、按钮双重联锁正反转控制电路电气安装接线图

（2）接线安装步骤及工艺

与项目2任务1中相同，此处不再重述。

（3）安装接线注意事项

➤ 按钮内接线时，用力不可过猛，以防螺丝打滑。

➤ 按钮内部的接线不要接错，启动按钮必须接动合（常开）触点（可用万用表的欧姆挡判别）。

➤ 电路中两组接触器的主触点必须换相，图2.3.2中的出线端反相，否则不能反转。

➤ 电动机外壳必须可靠接地。

4.调试

（1）上电前测试

①按电气原理图或安装接线图从电源端开始，逐段核对接线及接线端子处连接是否正确，有无漏接、错接之处。检查导线接线端子是否符合要求，压接是否牢固。

②用万用表检查电路的通断情况。检查时，用数字万用表蜂鸣挡。

检查控制电路时（可断开主电路），可将万用表表笔分别搭在 FU2 的进线端和零线上，此时显示为超出量程标识"1"，蜂鸣挡不鸣叫。按下正转按钮 SB2 或反转按钮 SB3 时，蜂鸣挡鸣叫；压下接触器 KM1 或 KM2 的衔铁时，蜂鸣挡鸣叫。同时按下 SB2 和 SB3 或同时压下 KM1 和 KM2 的衔铁，万用表显示为超出量程标识"1"，蜂鸣挡不鸣叫。

检查主电路时（可断开控制电路），可以用手压下接触器的衔铁来代替接触器得电吸合时的情况进行检查，依次测试从电源端（L1，L2，L3）到电动机出线端子（U，V，W）上的通断情况，检查是否存在开路现象。

（2）通电测试

操作相应按钮，观察电器动作情况。

合上断路器 QF，接通三相电源，按下正转启动按钮 SB2，接触器 KM1 的线圈通电并自锁，电动机正转运行；按下反转启动按钮 SB3，KM2 线圈得电并自锁，电动机反转运行；同时按下 SB2 和 SB3，KM1 和 KM2 线圈都不吸合，电动机不转。按下停止按钮 SB1，电动机停止转动。按下停止按钮 SB1，KM1 线圈断电，电动机停止转动。

（3）故障排除

操作过程中，如果出现不正常现象，应立即断开电源，分析故障原因，仔细检查电路（用万用表），在实训老师认可的情况下才能再通电调试。需要注意的是，万用表的欧姆挡或蜂鸣挡只能在线路断电的情况下使用。

 任务实施

1.工作准备

（1）按照工作要求穿戴好安全劳保用品。

（2）学习工作场地安全操作规程，安全文明工作。

（3）了解操作工位的情况，包括设备、仪器仪表、电源电压。

（4）准备相应课程内容的学习资料。

2.器材准备

(1)工具:常用电工工具一套(螺丝刀、试电笔、钢丝钳、尖嘴钳等)。

(2)仪表:数字万用表。

(3)器件:低压断路器 1 个、熔断器 5 个、热继电器 1 个、组合按钮 1 个、接触器 2 个、接线端子排 1 个、电力拖动板 1 块、36V 三相交流异步电动机等。

(4)电源:36V 三相交流电。

3.实训操作

(1)在规定时间内按照工艺要求完成三相异步电动机接触器、按钮双重联锁正反转控制电路的安装、接线,且通电试验成功。

(2)安装工艺达到基本要求,线头长短适当、接触良好。

(3)遵守安全规程,做到文明生产。

(4)上电测试记录结果填入表 2.3.1 中。

表 2.3.1 三相异步电动机接触器、按钮双重联锁正反转控制电路上电测试记录

操作步骤	合上 QF	按下 SB2	按下 SB1	再次按下 SB2	按下 SB3	再次按下 SB1
接触器 KM 吸合情况						

 检查评价

对任务实施的完成情况进行检查评价,并将结果填入表 2.3.2 中。

表 2.3.2 双重联锁正反转控制线路的装调任务表

安装、接线考核要求及评分标准(30分)

内容	考核要求	评分标准	扣分
接线端	对螺栓式接线端子,连接导线时应打钩圈,并顺时针旋转;其余情况,直接插入接线端子固定即可	3分,每处错误扣2分	
	严禁损伤线芯和导线绝缘,接点上不能露太多铜丝(不超过 2cm)	3分,每处错误扣2分	
	每个接线端子上连接的导线根数不超过 2 根,并保证接线牢固	3分,每处错误扣2分	
电路工艺	走线合理,做到横平竖直,整齐,各节点不能松动	3分,每处错误扣1分	
	导线出线应留有一定余量,并做到长度一致	3分,每处错误扣1分	
	布线要走线槽,导线不能漏出线槽	3分,每处错误扣2分	
	避免出现交叉线、架空线、缠绕线和叠压线的现象	3分,每处错误扣2分	
整体布局	元器件布局应合理	每处错误扣1分	
	进出线应合理汇集在端子板上	3分,每处错误扣1分	
	整体走线合理美观	3分,酌情扣分	

续　表

上电前测试(20 分)		
考核要求	评分标准	扣分
合上 QF,压下 KM 衔铁,QF 进线端至电动机出线端线路导通,用万用表蜂鸣挡测应为鸣叫	10 分,现象错误扣 10 分	
万用表蜂鸣挡两表笔接控制电路的进线端与出线端,蜂鸣挡不鸣叫;按下 SB2、SB3 或压下 KM1、KM2 衔铁,线路导通,蜂鸣挡鸣叫	10 分,现象错误扣 10 分	
通电测试(50 分)		
考核要求	评分标准	扣分
按下 SB2,KM1 线圈得电,KM1 主、辅助触点动作,电动机正转	10 分,功能未实现扣 10 分	
按下 SB1,KM1 线圈失电,KM1 主、辅助触点断开,电动机停转	10 分,功能未实现扣 10 分	
按下 SB2,KM1 线圈得电,KM1 主、辅助触点动作,电动机正转	10 分,功能未实现扣 10 分	
松开 SB3,KM2 主触点、辅助触点动作,电动机变为反转	10 分,功能未实现扣 10 分	
按下 SB1,KM1 线圈失电,KM1 主、辅助触点断开,电动机停转	10 分,功能未实现扣 10 分	

思考题

什么是互锁控制? 在电动机正反转控制电路中为什么必须有电气互锁? 设置按钮互锁的目的又是什么?

任务 4　星-三角降压启动(按钮切换)控制线路的装调

任务目标

(1)理解电动机降压启动的原理和电动机定子绕组星形、三角形联结方式。

(2)知道对电动机降压启动的原因。

(3)识读按钮切换的星-三角降压启动电路的工作原理图。

(4)掌握按钮切换的星-三角降压启动电路的接线与装调。

任务内容

根据按钮切换的星-三角降压启动电路原理图绘制安装接线图,按工艺要求完成电气电路的连接,并能进行电路的检查和故障排除。

实训指导

1.识读电路图

三相异步电动机的星-三角降压启动(按钮切换)电路原理如图 2.4.1 所示。其工作原理如下:

（1）合上电源开关 QF，接通电源

（2）星形启动运行

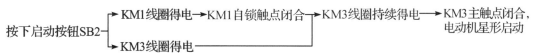

（2）切换为三角形运行

（3）停止控制

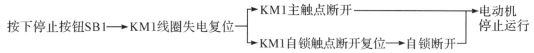

我国采用的电网供电电压为 380V。当电动机启动接成星形时，加在每相定子绕组上的启动电压只有三角形联结时的 $\frac{1}{\sqrt{3}}$，即 220V。

笼形异步电动机正常运行时定子绕组应作三角形联结，在启动时接成星形，则启动电压由 380V 降到 220V，从而减小了启动电流；待转速上升后，再改接成三角形联结，投入运行，这是一种最常用的减压启动。启动时绕组承受的电压是额定电压的 $\frac{1}{\sqrt{3}}$，启动是三角形联结时的 $\frac{1}{3}$，启动转矩也是三角形联结时的 $\frac{1}{3}$。

电路中采用 KM1、KM2 和 KM3 三个接触器，当 KM1 主触点接通时，接入三相交流电；当 KM3 主触点接通时，电动机定子绕组接成星形；当 KM2 主触点接通时，电动机定且接成三角形。

电路要求接触器 KM2 和 KM3 线圈不能同时通电，否则它们的主触点同时闭合，将造路电源短路。为此在 KM2 和 KM3 线圈各自支路中相互串接了对方的一对动断（常闭）触点，以保证 KM2 和 KM3 线圈不会同时通电。KM2 和 KM3 这两对辅助动断（常闭）触点在电路中所起的作用，也称电气互锁作用。

2. 检测元器件

按照图 2.4.1 所示，配齐所需的元器件，并进行必要的检测。在不通电的情况下，用万用表或目视检查各元器件触点的通断情况是否良好；检查熔断器的熔体是否完好；检查按钮中的螺丝是否完好，螺纹是否失效；检查接触器的线圈额定电压与电源电压是否相符。

3. 安装与接线

（1）绘制电气安装接线图

根据图 2.4.1 绘制出三相异步电动机星-三角降压启动（按钮切换）电路的电气安装接线图，如图 2.4.2 所示。

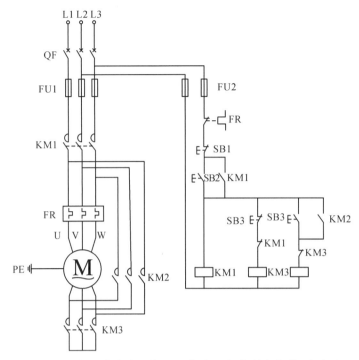

图 2.4.1　三相异步电动机的星-三角降压启动(按钮切换)电路原理

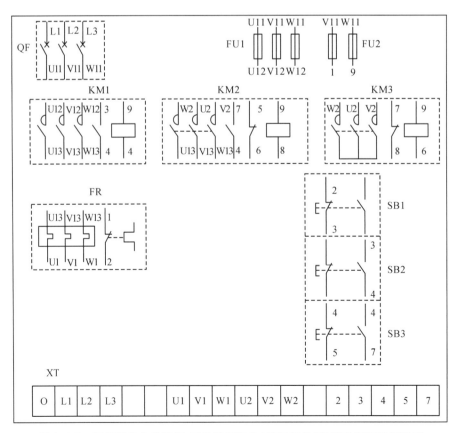

图 2.4.2　三相异步电动机星-三角降压启动(按钮切换)电路电气安装接线图

（2）接线安装步骤及工艺

与项目 2 任务 1 中相同，此处不再重述。

（3）安装接线注意事项

➢ 按钮内部的接线不要接错，启动按钮必须接常开触点。

➢ 用星-三角降压启动的电动机，必须有 6 个出线端子。

➢ 接线时要保证电动机三角形联结的正确性，即接触器 KM2 主触点闭合时，应保证定子绕组在三角形 U1 与 W2，V1 与 U2，W1 与 V2 的连接。

➢ 接触器 KM3 的进线必须从三相定子绕组的末端引入，若误将其从首端引入，则在 KM3 吸合时会产生三相电源短路事故。

➢ 电动机外壳必须可靠接地。

4. 调试

（1）上电前测试

①按电气原理图或安装接线图从电源端开始，逐段核对接线及接线端子处连接是否正确，有无漏接、错接之处。检查导线接线端子是否符合要求，压接是否牢固。

②用万用表检查电路的通断情况。检查时，用数字万用表蜂鸣挡。

检查控制电路时（可断开主电路），可将万用表表笔分别搭在 FU2 的进线端和零线上，此时显示为超出量程标识"1"，蜂鸣挡不鸣叫。按下正转按钮 SB2 或反转按钮 SB3 时，蜂鸣挡鸣叫；压下接触器 KM1 的衔铁时，蜂鸣挡鸣叫。

检查主电路时（可断开控制电路），可以用手压下接触器的衔铁来代替接触器得电吸合时的情况进行检查，依次测试从电源端（L1，L2，L3）到电动机出线端子（U，V，W）上的通断情况，检查是否存在开路现象。

（2）通电测试

操作相应按钮，观察电器动作情况。

合上断路器 QF，接通三相电源，按下按钮 SB2，接触器 KM1 和 KM3 线圈得电吸合并自锁，电动机降压启动；再按下按钮 SB3，KM3 线圈失电断开，KM2 线圈得电吸合自锁，电动机全压运行；按下停止按钮 SB1，KM1 和 KM2 线圈失电断开，电动机停止工作。

（3）故障排除

操作过程中，如果出现不正常现象，应立即断开电源，分析故障原因，仔细检查电路（用万用表），在实训老师认可的情况下才能再通电调试。需要注意的是，万用表的欧姆挡或蜂鸣挡只能在线路断电的情况下使用。

📍 任务实施

1. 工作准备

（1）按照工作要求穿戴好安全劳保用品。

（2）学习工作场地安全操作规程，安全文明工作。

（3）了解操作工位的情况，包括设备、仪器仪表、电源电压。

（4）准备相应课程内容的学习资料。

2.器材准备

(1)工具:常用电工工具一套(螺丝刀、试电笔、钢丝钳、尖嘴钳等)。

(2)仪表:数字万用表。

(3)器件:低压断路器 1 个、熔断器 5 个、热继电器 1 个、组合按钮 1 个、接触器 3 个、接线端子排 1 个、电力拖动板 1 块、36V 三相交流异步电动机等。

(4)电源:36V 三相交流电。

3.实训操作

(1)在规定时间内按照工艺要求完成三相异步电动机星-三角降压启动(按钮切换)电路的安装、接线,且通电试验成功。

(2)安装工艺达到基本要求,线头长短适当、接触良好。

(3)遵守安全规程,做到文明生产。

(4)上电测试记录结果填入表 2.4.1 中。

表 2.4.1　三相异步电动机星-三角降压启动(按钮切换)电路上电测试记录

操作步骤	合上 QF	按下 SB1	按下 SB2	按下 SB3	再次按下 SB1
接触器 KM 吸合情况					

 检查评价

对任务实施的完成情况进行检查评价,并将结果填入表 2.4.2 中。

表 2.4.2　星-三角降压启动(按钮切换)控制线路的装调任务评价表

安装、接线考核要求及评分标准(30 分)			
内容	考核要求	评分标准	扣分
接线端	对螺栓式接线端子,连接导线时应打钩圈,并顺时针旋转;其余情况,直接插入接线端子固定即可	3 分,每处错误扣 2 分	
	严禁损伤线芯和导线绝缘,接点上不能露太多铜丝(不超过 2cm)	3 分,每处错误扣 2 分	
	每个接线端子上连接的导线根数不超过 2 根,并保证接线牢固	3 分,每处错误扣 2 分	
电路工艺	走线合理,做到横平竖直,整齐,各节点不能松动	3 分,每处错误扣 1 分	
	导线出线应留有一定余量,并做到长度一致	3 分,每处错误扣 1 分	
	布线要走线槽,导线不能漏出线槽	3 分,每处错误扣 2 分	
	避免出现交叉线、架空线、缠绕线和叠压线的现象	3 分,每处错误扣 2 分	
整体布局	元器件布局应合理	3 分,每处错误扣 1 分	
	进出线应合理汇集在端子板上	3 分,每处错误扣 1 分	
	整体走线合理美观	3 分,酌情扣分	

续　表

上电前测试（20 分）		
考核要求	评分标准	扣分
合上 QF，压下 KM1 衔铁，QF 进线端至电动机出线端线路导通，用万用表蜂鸣挡测应为鸣叫	10 分，现象错误扣 10 分	
万用表蜂鸣挡两表笔接控制电路的进线端与出线端，蜂鸣挡不鸣；按下 SB2，SB3 或压下 KM1，KM2 衔铁，线路导通，蜂鸣挡鸣叫	10 分，现象错误扣 10 分	

通电测试（50 分）		
考核要求	评分标准	扣分
按下 SB2，KM1、KM3 线圈得电，电动机星形联结启动运行	20 分，功能未实现扣 20 分	
按下 SB3，KM1 线圈依然得电，KM3 线圈失电、KM2 线圈得电，电动机切换为三角形联结全压运行	20 分，功能未实现扣 20 分	
按下 SB1，KM1 线圈失电，KM1 主、辅助触点断开，电动机停转	10 分，功能未实现扣 10 分	

💬 思考题

（1）星-三角降压启动适合什么样的电动机？分析在启动过程中电动机绕组的联结方式。

（2）电源断相时，为什么星形启动时电动机不动，到了三角形联结时，电动机却能转动（只是声音较大）？

（3）星-三角减压启动时的启动电流为直接启动时的多少倍？

（4）当按下 SB2 后，若电动机能星形启动，而一松开 SB2，电动机即停转，则故障可能在哪些地方？

（5）若按下 SB2 后，电动机能星形启动，但不能三角形运转，则故障可能出在哪些地方？

任务 5　星-三角降压启动（定时切换）控制线路的装调

📋 任务目标

（1）理解电动机降压启动的原理和电动机定子绕组星形、三角形联结方式。

（2）识读时间继电器切换的星-三角降压启动电路的工作原理图。

（3）掌握时间继电器切换的星-三角降压启动电路的接线与装调。

🔧 任务内容

根据时间继电器切换的星-三角降压启动电路原理图绘制安装接线图，按工艺要求完成电气电路的连接，并能进行电路的检查和故障的排除。

实训指导

1.识读电路图

三相异步电动机时间继电器切换的星-三角降压启动电路原理如图 2.5.1 所示。其工作原理如下：

（1）合上电源开关 QF，接通电源

（2）星-三角降压启动运行

按下启动按钮SB2 → KM1线圈得电 ┐
　　　　　　　 → KM3线圈得电 ┴→ 电动机星形联结自锁降压启动
　　　　　　　 → KT线圈得电 → 时间继电器开始计时 → 延时时间到 ┐

┌→ KT动断触点延时断开 → KM3线圈失电断开 ┐
└→ KT动断触点延时闭合 → KM2线圈得电闭合 ┴→ 电动机三角形联结合自锁全压运行

（3）停止控制

按下停止按钮SB1 → KM1线圈失电复位 ┌→ KM1主触点断开 ──────────┐
　　　　　　　　　　　　　　　　 └→ KM1自锁触点断开复位 → 自锁断开 ┴→ 电动机停止运行

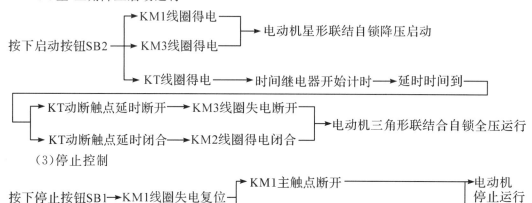

图 2.5.1　三相异步电动机时间继电器切换的星-三角降压启动电路原理

2.检测元器件

按照图 2.5.1 所示,配齐所需的元器件,并进行必要的检测。在不通电的情况下,用万用表或目视检查各元器件触点的通断情况是否良好;检查熔断器的熔体是否完好;检查按钮中的螺丝是否完好,螺纹是否失效;检查接触器的线圈额定电压与电源电压是否相符。

3.安装与接线

(1)绘制电气安装接线图

根据图 2.5.1 绘制出电动机星-三角降压启动(时间继电器切换)电路的电气安装接线图,如图 2.5.2 所示。

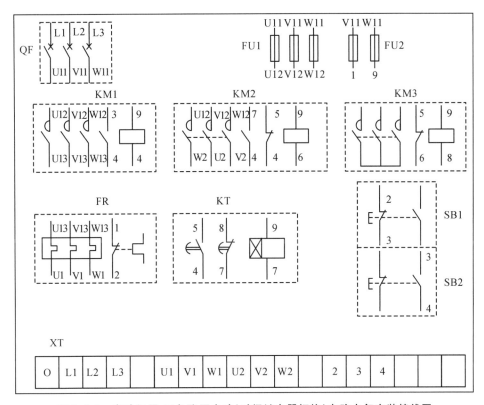

图 2.5.2　电动机星-三角降压启动(时间继电器切换)电路电气安装接线图

(2)接线安装步骤及工艺

与项目 2 任务 1 中相同,此处不再重述。

(3)安装接线注意事项

➤　按钮内部的接线不要接错,启动按钮必须接常开触点。

➤　用星-三角降压启动的电动机,必须有 6 个出线端子。

➤　接线时要保证电动机三角形联结的正确性,即接触器 KM2 主触点闭合时,应保证定子绕组在三角形 U1 与 W2,V1 与 U2,W1 与 V2 的连接。

➤　接触器 KM3 的进线必须从三相定子绕组的末端引入,若误将其从首端引入,则在 KM3 吸合时会产生三相电源短路事故。

➤　电动机外壳必须可靠接地。

4.调试

(1)上电前测试

①按电气原理图或安装接线图从电源端开始,逐段核对接线及接线端子处连接是否正确,有无漏接、错接之处。检查导线接线端子是否符合要求,压接是否牢固。

②用万用表检查电路的通断情况。检查时,用数字万用表蜂鸣挡。

检查控制电路时(可断开主电路),可将万用表表笔分别搭在 FU2 的进线端和零线上,此时显示为超出量程标识"1",蜂鸣挡不鸣叫。按下正转按钮 SB2 或反转按钮 SB3 时,蜂鸣挡鸣叫;压下接触器 KM1 或 KM2 的衔铁时,蜂鸣挡鸣叫。同时按下 SB2 和 SB3 或同时压下 KM1 和 KM2 的衔铁,万用表显示为超出量程标识"1",蜂鸣挡不鸣叫。

检查主电路时(可断开控制电路),可以用手压下接触器的衔铁来代替接触器得电吸合时的情况进行检查,依次测试从电源端(L1,L2,L3)到电动机出线端子(U,V,W)上的通断情况,检查是否存在开路现象。

(2)通电测试

操作相应按钮,观察电器动作情况。

合上断路器 QF,接通三相电源,按下按钮 SB2,接触器 KM1、KM3 和 KT 线圈得电吸合并自锁,电动机降压启动;经过一定时间延时后,KM3 线圈失电断开,KM2 线圈得电吸合自锁,电动机全压运行;按下停止按钮 SB1,KM1 和 KM2 线圈失电断开,电动机停止工作。

(3)故障排除

操作过程中,如果出现不正常现象,应立即断开电源,分析故障原因,仔细检查电路(用万用表),在实训老师认可的情况下才能再通电调试。需要注意的是,万用表的欧姆挡或蜂鸣挡只能在线路断电的情况下使用。

任务实施

1.工作准备

(1)按照工作要求穿戴好安全劳保用品。

(2)学习工作场地安全操作规程,安全文明工作。

(3)了解操作工位的情况,包括设备、仪器仪表、电源电压。

(4)准备相应课程内容的学习资料。

2.器材准备

(1)工具:常用电工工具一套(螺丝刀、试电笔、钢丝钳、尖嘴钳等)。

(2)仪表:数字万用表。

(3)器件:低压断路器 1 个、熔断器 5 个、热继电器 1 个、组合按钮 1 个、接触器 3 个、接线端子排 1 个、电力拖动板 1 块、36V 三相交流异步电动机等。

(4)电源:36V 三相交流电。

3. 实训操作

（1）在规定时间内按照工艺要求完成三相异步电动机星-三角降压启动（定时切换）电路的安装、接线，且通电试验成功。

（2）安装工艺达到基本要求，线头长短适当、接触良好。

（3）遵守安全规程，做到文明生产。

（4）上电测试记录结果填入表 2.5.1 中。

表 2.5.1　三相异步电动机星-三角降压启动（定时切换）电路上电测试记录

操作步骤	合上 QF	按下 SB1	按下 SB2	松开 SB2	再次按下 SB1
接触器 KM 吸合情况					

 检查评价

对任务实施的完成情况进行检查评价，并将结果填入表 2.5.2 中。

表 2.5.2　星-三角降压启动（定时切换）控制线路的装调任务评价表

安装、接线考核要求及评分标准（30 分）			
内容	考核要求	评分标准	扣分
接线端	对螺栓式接线端子连接导线时应打钩圈，并顺时针旋转；其余情况直接插入接线端子固定即可	3 分，每处错误扣 2 分	
接线端	严禁损伤线芯和导线绝缘，接点上不能露太多铜丝（不超过 2cm）	3 分，每处错误扣 2 分	
接线端	每个接线端子上连接的导线根数不超过 2 根，并保证接线牢固	3 分，每处错误扣 2 分	
电路工艺	走线合理，做到横平竖直，整齐，各节点不能松动	3 分，每处错误扣 1 分	
电路工艺	导线出线应留有一定余量，并做到长度一致	3 分，每处错误扣 1 分	
电路工艺	布线要走线槽，导线不能漏出线槽	3 分，每处错误扣 2 分	
电路工艺	避免出现交叉线、架空线、缠绕线和叠压线的现象	3 分，每处错误扣 2 分	
整体布局	元器件布局应合理	3 分，每处错误扣 1 分	
整体布局	进出线应合理汇集在端子板上	3 分，每处错误扣 1 分	
整体布局	整体走线合理美观	3 分，酌情扣分	
上电前测试（20 分）			
考核要求		评分标准	扣分
合上 QF，压下 KM1 衔铁，QF 进线端至电动机出线端线路导通，用万用表蜂鸣挡测应为鸣叫		10 分，现象错误扣 10 分	
万用表蜂鸣挡两表笔接控制电路的进线端与出线端，蜂鸣挡不鸣叫；按下 SB2 或压下 KM1 衔铁，线路导通，蜂鸣挡鸣叫		10 分，现象错误扣 10 分	

续　表

通电测试(50 分)		
考核要求	评分标准	扣分
按下 SB2,KM1、KM3 线圈得电,电动机星形联结启动运行	20 分,功能未实现扣 20 分	
延时一定时间后,KM1 线圈依然得电,KM3 线圈失电、KM2 线圈得电,电动机切换为三角形联结全压运行	20 分,功能未实现扣 20 分	
按下 SB1,KM1 线圈失电,KM1 主触点、辅助触点断开,电动机停转	10 分,功能未实现扣 10 分	

思考题

如果时间继电器的通电延时常开触点与常闭触点接反,电路工作状态会怎样?

任务6　两台三相异步电动机顺序控制线路的装调

任务目标

(1)掌握电动机顺序控制的实现方法。
(2)会识读两台或多台异步电动机顺序控制的电路原理图。
(3)完成顺序控制电路的接线与装调。

任务内容

根据两台电动机顺序控制的电路原理绘制电气安装接线图,按工艺要求完成电气电路的连接,并能进行电路的检查和故障的排除。

实训指导

1.识读电路图

两台三相异步电动机顺序控制的电路原理如图 2.6.1 所示。其工作原理如下:

(1)合上电源开关 QF,接通电源

(2)电动机 M1 运行

按下电动机M1启动按钮SB2 —→ KM1线圈得电 ┌→ KM1自锁触点闭合 ┐
　　　　　　　　　　　　　　　　　　　└→ KM1主触点闭合 ┘ —→ 电动机M1连续运行

(3)电动机 M2 运行

再按下电动机M2启动按钮SB3 —→ KM2线圈得电 ┌→ KM2自锁触点闭合 ┐
　　　　　　　　　　　　　　　　　　　　└→ KM2主触点闭合 ┘ —→ 电动机M2连续运行

（4）停止控制

按下停止按钮SB3 ⟶ KM1和KM2线圈均失电 ⟶ ┏━ KM1和KM2自锁点断开 ━┓ ⟶ 电动机M1和
　　　　　　　　　　　　　　　　　　　┗━ KM1和KM2主触点断开 ━━┛　　M2停止运行

电路中采用 KM1 和 KM2 两个接触器，当 KM1 主触点接通时，电动机 M1 接通三相电源启动运行；然后当 KM2 主触点接通时，电动机 M2 接通三相电源启动运行。控制电路中，必须使 KM1 辅助常开触点闭合后再按下 SB3 才能启动电动机 M2。这两台电动机先后启动的控制称为顺序控制。

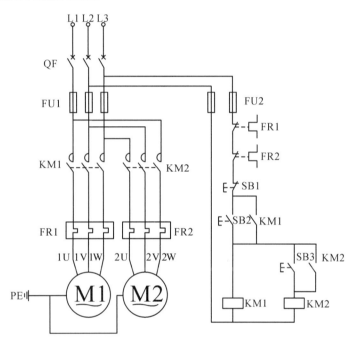

图 2.6.1　两台三相异步电动机顺序控制电路原理

2.检测元器件

按照图 2.6.1 所示，配齐所需的元器件，并进行必要的检测。在不通电的情况下，用万用表或目视检查各元器件触点的通断情况是否良好；检查熔断器的熔体是否完好；检查按钮中的螺丝是否完好，螺纹是否失效；检查接触器的线圈额定电压与电源电压是否相符。

3.安装与接线

（1）绘制电气安装接线图

根据图 2.6.1 绘制出两台三相异步电动机顺序控制电路的电气安装接线图，如图 2.6.2 所示。

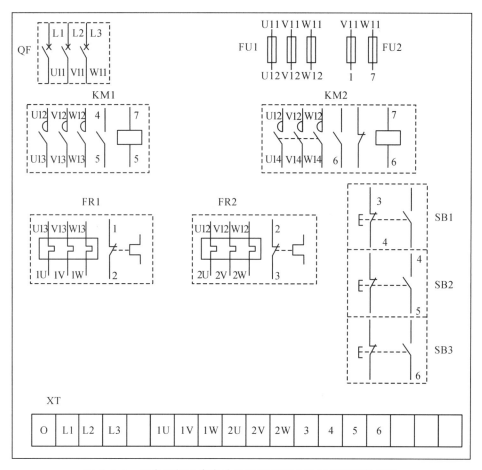

图 2.6.2　两台三相异步电动机顺序控制电路电气安装接线图

（2）接线安装步骤及工艺

与项目 2 任务 1 中相同，此处不再重述。

（3）安装接线注意事项

➢　按钮内部的接线不要接错，启动按钮必须接常开触点。

➢　拧螺丝时不可用力过猛，以防滑丝；也不可用力过小，否则会造成接触不良。

➢　电动机外壳必须可靠接地。

4.调试

（1）上电前测试

①按电气原理图或安装接线图从电源端开始，逐段核对接线及接线端子处连接是否正确，有无漏接、错接之处。检查导线接线端子是否符合要求，压接是否牢固。

②用万用表检查电路的通断情况。检查时，用数字万用表蜂鸣挡。

检查控制电路时（可断开主电路），可将万用表表笔分别搭在 FU2 的进线端和零线上，此时显示为超出量程标识"1"，蜂鸣挡不鸣叫。按下按钮 SB2 或压下接触器 KM1 时，蜂鸣挡鸣叫。

检查主电路时（可断开控制电路），可以用手压下接触器的衔铁来代替接触器得电吸合时的情况进行检查,依次测试从电源端(L1,L2,L3)到电动机出线端子(U,V,W)上的通断情况,检查是否存在开路现象。

(2)通电测试

操作相应按钮,观察电器动作情况。

合上断路器 QF,接通三相电源,按下按钮 SB2,接触器 KM1 线圈得电吸合并自锁,电动机 M1 启动运行;然后再按下 SB3,KM2 线圈得电吸合自锁,电动机 M2 启动运行;按下停止按钮 SB1,KM1 和 KM2 线圈失电断开,电动机停止工作。如果先按下 SB3 按钮,KM2 线圈不会吸合。

(3)故障排除

操作过程中,如果出现不正常现象,应立即断开电源,分析故障原因,仔细检查电路(用万用表),在实训老师认可的情况下才能再通电调试。需要注意的是,万用表的欧姆挡或蜂鸣挡只能在线路断电的情况下使用。

任务实施

1.工作准备

(1)按照工作要求穿戴好安全劳保用品。

(2)学习工作场地安全操作规程,安全文明工作。

(3)了解操作工位的情况,包括设备、仪器仪表、电源电压。

(4)准备对应课程内容的学习资料。

2.器材准备

(1)工具:常用电工工具一套(螺丝刀、试电笔、钢丝钳、尖嘴钳等)。

(2)仪表:数字万用表。

(3)器件:低压断路器 1 个、熔断器 5 个、热继电器 1 个、组合按钮 1 个、接触器 3 个、接线端子排 1 个、电力拖动板 1 块、36V 三相交流异步电动机等。

(4)电源:36V 三相交流电。

3.实训操作

(1)在规定时间内按照工艺要求完成两台三相异步电动机顺序控制电路的安装、接线,且通电试验成功。

(2)安装工艺达到基本要求,线头长短适当、接触良好。

(3)遵守安全规程,做到文明生产。

(4)上电测试记录结果填入表 2.6.1 中。

表 2.6.1　两台三相异步电动机顺序控制电路上电测试记录

操作步骤	合上 QF	按下 SB1	按下 SB3	按下 SB2	再次按下 SB3	再次按下 SB1
接触器 KM 吸合情况						

![检查评价] 检查评价

对任务实施的完成情况进行检查评价,并将结果填入表 2.6.2 中。

表 2.6.2 两台三相异步电动机顺序控制线路的装调任务评价表

安装、接线考核要求及评分标准(30 分)

内容	考核要求	评分标准	扣分
接线端	对螺栓式接线端子连接导线时应打钩圈,并顺时针旋转;其余情况直接插入接线端子固定即可	3 分,每处错误扣 2 分	
	严禁损伤线芯和导线绝缘,接点上不能露太多铜丝(不超过 2cm)	3 分,每处错误扣 2 分	
	每个接线端子上连接的导线根数不超过 2 根,并保证接线牢固	3 分,每处错误扣 2 分	
电路工艺	走线合理,做到横平竖直,整齐,各节点不能松动	3 分,每处错误扣 1 分	
	导线出线应留有一定余量,并做到长度一致	3 分,每处错误扣 1 分	
	布线要走线槽,导线不能漏出线槽	3 分,每处错误扣 2 分	
	避免出现交叉线、架空线、缠绕线和叠压线的现象	3 分,每处错误扣 2 分	
整体布局	元器件布局应合理	3 分,每处错误扣 1 分	
	进出线应合理汇集在端子板上	3 分,每处错误扣 1 分	
	整体走线合理美观	3 分,酌情扣分	

上电前测试(20 分)

考核要求	评分标准	扣分
合上 QF,压下 KM1 衔铁,QF 进线端至电动机出线端线路导通,用万用表蜂鸣挡测应为鸣叫	10 分,现象错误扣 10 分	
万用表蜂鸣挡两表笔接控制电路的进线端与出线端,蜂鸣挡不鸣叫;按下 SB2 或压下 KM1 衔铁,线路导通,蜂鸣挡鸣叫	10 分,现象错误扣 10 分	

通电测试(50 分)

考核要求	评分标准	扣分
按下 SB2,KM1 线圈得电,电动机 M1 启动运行	10 分,功能未实现扣 10 分	
按下 SB3,KM1 线圈依然得电,KM2 线圈得电,电动机 M2 启动运行	20 分,功能未实现扣 20 分	
按下 SB1,KM1、KM2 线圈失电,KM1、KM2 的主触点和辅助触点均断开,电动机 M1 和 M2 停转	10 分,功能未实现扣 10 分	
如果先按下 SB3,两个接触器线圈均不得电	10 分,现象错误扣 10 分	

![思考题] 思考题

(1)如何实现两台三相异步电动机先后启动,停止时后启动的电动机先停止?

(2)如何实现两台三相异步电动机先后启动,停止时先启动的电动机先停止?

(3)分析图 2.6.1 所示两台三相异步电动机顺序控制电路与图 2.6.3 所示的电路有何不同。想一想两台三相异步电动机顺序控制还有哪些方案?

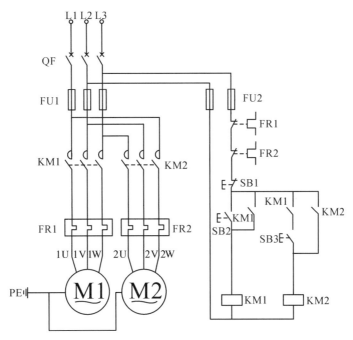

图 2.6.3　两台三相异步电动机顺序控制电路图

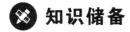 **知识储备**

电气控制原理图的表示方法

电气控制系统是由许多电气元器件按一定要求连接而成的。为了表达生产机械电气控制系统的结构、原理等设计意图,同时也为了便于电气系统的安装、调整、使用和维修,需要将电气控制系统中各电气元器件的连接用一定的图形表示出来,这种图就是电气控制系统图。

电气控制系统图一般有电路图(又称电气原理图)、电气元器件布置图、电气安装接线图三种。在图上用不同的图形符号表示各种电气元器件,用不同的文字符号表示设备及电路功能、状况和特征。

1.电路符号

电路符号有图形符号、文字符号及回路标号等。

(1)图形符号

图形符号通常用于图样或其他文件中,用来表示一个设备或概念的图形、标记或字符。电气控制系统图中的图形符号必须按国家标准绘制。

➢ 符号要素:一种具有确定意义的简单图形,必须同其他图形组合才能构成一个设备或概念的完整符号。如接触器动合(常开)主触点的符号,就由接触器触点功能符号和动合(常开)触点符号组合而成。

➢ 一般符号:用来表示一类产品和此类产品特征的一种简单符号。如电动机可用一个圆圈表示。

➢ 限定符号:用于提供附加信息的一种加在其他符号上的符号。

注意要点:

➢ 符号尺寸大小、线条粗细依国家标准可放大与缩小,但在同一张图样中,同一符号的尺寸应保持一致,各符号间及符号本身比例应保持不变。

➢ 标准中示出的符号方位,在不改变符号含义的前提下,可根据图面布置的需要旋转或成镜像位置,但文字和指示方向不得倒置。

➢ 大多数符号都可以加上补充说明标记。

➢ 有些具体元器件的符号由设计者根据国家标准的符号要素、一般符号和限定符号组合而成。

➢ 国家标准未规定的图形符号,可根据实际需要,按特征突出、结构简单、便于识别的原则进行设计,但需要报国家标准化管理委员会备案。当采用其他来源的符号或代号时,必须在图解和文件上说明其含义。

(2)文字符号

文字符号适用于电气技术领域中技术文件的编制,用以标明电气设备、装置和元器件的名称及电路的功能、状态和特征。

①文字符号应按国家标准《电气技术中的文字符号制订通则》(GB 7159—1987)所规定的精神编制。文字符号分为基本文字符号和辅助文字符号。

➢ 基本文字符号。基本文字符号有单字母符号与双字母符号两种。单字母符号按拉丁字母顺序将各种电气设备、装置和元器件划分为 23 大类,每一类用一个专用单字母符号表示,如"C"表示电容器类,"R"表示电阻器类等。双字母符号由一个表示种类的单字母符号与另一个字母组成,且以单字母符号在前、另一个字母在后的次序列出,如"F"表示保护器件类,"FU"则表示熔断器,"FR"表示热继电器。

➢ 辅助文字符号。辅助文字符号是用来表示电气设备、装置和元器件以及电路的功能、状态和特征。如"RD"表示红色,"SP"表示压力传感器,"YB"表示电磁制动器等。辅助文字符号还可以单独使用,如"ON"表示接通,"N"表示中性线等。

➢ 补充文字符号。当规定的基本文字符号和辅助文字符号不够使用时,可按国家标准中文字符号的组成规律和下述原则予以补充。

②在不违背国家标准文字符号编制原则的条件下,可采用国家标准中规定的电气技术文字符号。

③在优先采用基本和辅助文字符号的前提下,可补充国家标准中未列出的双字母文字符号和辅助文字符号。

④使用文字符号时,应按电气名词术语国家标准或专业技术标准中规定的英文术语缩写而成。

⑤基本文字符号不得超过两位字母,辅助文字符号一般不超过三位字母。文字符号采用拉丁字母大写正体字,且拉丁字母中"I"和"O"不允许单独作为文字符号使用。

（3）主电路各节点标记

三相交流电源引入线采用 L1,L2,L3 标记。电源开关之后的三相交流电源主电路分别按 U,V,W 顺序标记。分级三相交流电源主电路采用三相文字代号 U,V,W 的前边加上阿拉伯数字 1,2,3 等来标记。

各电动机分支电路各节点标记采用三相文字代号后面加数字来表示，电动机绕组首端分别用 U1,V1,W1 标记，尾端分别用 U2,V2,W2 标记。

控制电路采用阿拉伯数字编号，一般由三位或三位以下的数字组成。标注方法按"等电位"原则进行，在垂直绘制的电路图中，标号顺序一般由上而下编号。凡是被线圈、绕组、触点或电阻、电容等元器件所间隔的线段，都应标以不同的电路标号。

2. 电气原理图

电路图用于表达电路、设备电气控制系统的组成部分和连接关系。通过电路图，可详细了解电路、设备电气控制系统的组成和工作原理，并可在测试和寻找故障时提供足够的信息。同时电路图也是编制接线图的重要依据，习惯上电路图也称作电气原理图。

电气原理图是根据电路工作原理绘制的，CW6132 型车床电气原理如图 2.6.4 所示。

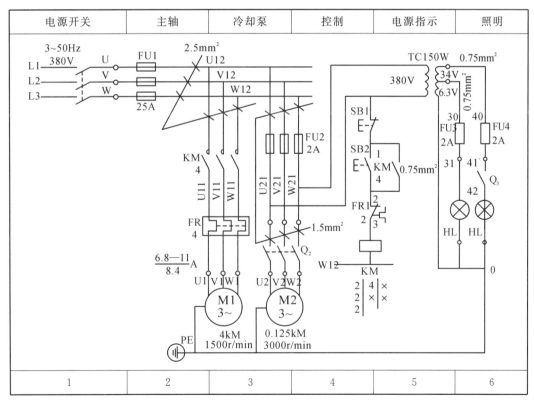

图 2.6.4　CW6132 型车床电气原理图

在绘制电气原理图时，一般应遵循下列规则：

➢　电气原理图按所规定的图形符号、文字符号和回路标号进行绘制。

➢　动力电路的电源电路一般绘制成水平线；受电的动力装置、电动机主电路用垂直线绘制在图面的左侧，控制电路用垂直线绘制在图面的右侧，主电路与控制电路应分开绘制。各电路元器件采用平行展开画法,但同一电器的各元器件采用同一文字符号标明。

  ➤ 电气原理图中所有电路元器件的触点状态,均按没有受外力作用时或未通电时的原始状态绘制。对于接触器和电磁式继电器的触点,是按电磁线圈未通电时的状态画出的;对于按钮和位置开关的触点,是按不受外力作用时的状态画出的。当触点的图形符号垂直放时,以"左开右闭"的原则绘制,即垂线左侧的触点为动合(常开)触点,垂线右侧的触点为动断(常闭)触点;当触点的图形符号水平放置时,以"上闭下开"的原则绘制,即水平线上方的触点为动断(常闭)触点,水平线下方的触点为动合(常开)触点。

  ➤ 在电气原理图中,导线的交叉连接点均用小圆圈或黑圆点表示。

  ➤ 在电气原理图上方将图分成若干图区,并标明该区电路的用途与作用;在继电器、接触器线圈下方列有触点表以说明线圈和触点的从属关系。

  ➤ 电气原理图的全部电动机、元器件的型号、文字符号、用途、数量、额定技术数据均应填写在元器件明细表内。

  3.电气元器件布置图

  电气元器件布置图详细绘制出电气设备零件安装位置。图 2.6.4 所示为 CW6132 型车床电气元器件布置图。图中各电器代号应与有关电路图和电器清单上所有元器件代号相同。在图中往往留有 10% 以上的备用面积及导线管(槽)的位置,以供改进设计时用,图中不需标注尺寸。图 2.6.5 中 FU1～FU2 为熔断器,KM 为接触器,FR 为热继电器,TC 为变压器,XT 为接线端子板。

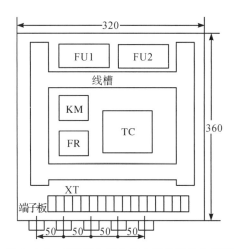

图 2.6.5　CW6132 型车床电气元器件布置图

  4.电气安装接线图

  用规定的图形符号,按各电气元器件相对位置绘制的实际接线图叫电气安装接线图。电气安装接线图是实际接线安装的依据和准则。它清楚地表示了各电气元器件的相对位置和它们之间的电气连接。因此,电气安装接线图不仅要把同一个电器的各个部件画在一起,而且各个部件的布置要尽可能符合这个电器的实际情况,但对尺寸和比例没有严格要求,各电气元器件的图形符号、文字符号和回路标记均应以原理图为准,并保持一致,以便查对。

　　不在同一控制箱内和不是同一块配电屏上的各电气元器件之间的导线连接,必须通过接线端子进行;同一控制箱内各电气元器件之间的接线可以直接相连。

　　在电气安装接线图中,分支导线应在各电气元器件接线端上引出而不允许在导线周端以外的地方连接,且接线端上只允许引出两根导线。电气安装接线图上所表示的电气连接,一般并不表示实际走线途径,施工时由操作者根据经验选择最佳走线方式。安装接线图上应该详细地标明导线及所穿管子的型号、规格等,电气安装接线要求准确、清晰,以便于施工和维护。具体情况如图2.6.7所示。

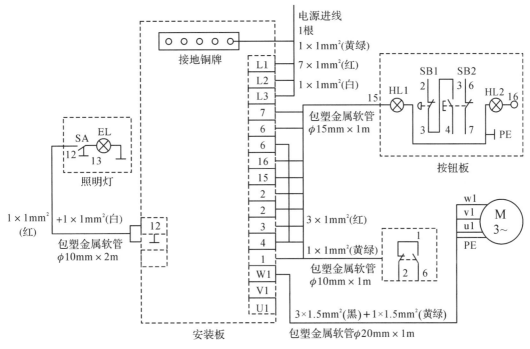

图2.6.7　某机床电气安装接线图

机床电气线路板前线槽配线的工艺要求如下。

➤　所有导线的截面积在等于或大于0.5mm² 时,必须采用软线。考虑机械强度的原因,所用导线的最小截面积:在控制箱外为1mm²,在控制箱内为0.75mm²。

➤　布线时,严禁损伤线芯和导线绝缘层。

➤　各电气元件接线端子引出导线的走向,以元件的水平中心线为界线,在水平中心线以上接线端子引出的导线,必须进入元件上面的走线槽;在水平中心线以下接线端子引出的导线,必须进入元件下面的走线槽。任何导线都不允许从水平方向进入走线槽内。

➤　各电气元件接线端子上引出或引入的导线,除间距很小和元件机械强度很差的允许直接架空敷设外,其他导线必须经过走线槽进行敷设。

➤　进入走线槽内的导线要完全置于走线槽内,并应尽可能避免交叉,装线不要超过线槽容量的70%,以便于能盖上线槽盖和维修。

➤　各电气元件与走线槽之间的外露导线,应走线合理,并尽可能做横平竖直,变换走向要垂直,同一个元件上位置一致的端子和同型号电器元件中位置一致的端子上引出或引入的导线,要敷设在同一平面上,并应做到高低一致或前后一致,不得交叉。

➢　所有接线端子、导线线头上都应套有与电路图上相应接点线号一致的编码套管,按接线号进行连接,连接必须牢靠,不得松动。

➢　在任何情况下,导线不得于走线槽内连接,必须通过接线端子连接,接线端子必须与导线截面积和材料性质相适应。当接线端子不适合连较小截面积的软管时,可以在导线端头穿上针形或叉形轧头并压紧,也可以把导线端头打成羊眼圈在垫片下压紧。

➢　一般一个接线端子最多只能连接两根导线,必须严格按照连接工艺的工序要求进行。

项目 3 PLC 基本控制系统设计与装调

项目分析

"自动化"是在没有人直接参与下,机器设备或生产管理过程通过自动检测、信息处理、分析判断自动实现预期的操作与某种过程。一个集自动检测、自动处理分析信号与自动完成预期功能的系统就称为自动控制系统,包括输入装置、中央处理单元、驱动执行机构三部分。本项目通过 PLC 控制继电器、接触器、电磁阀等,以及通过按钮、行程开关等开关量进行输入。本项目采用的 PLC 型号为三菱 FX3U-48MR。

项目目标

(1)掌握 PLC 硬件安装及接线方法。

(2)掌握梯形图编程原则。

(2)掌握运用基本指令控制指令和编程元件的功能及应用。

(3)掌握对电动机电气控制线路的 PLC 改造方法。

项目任务

用 PLC 控制系统实现项目 2 中电动机基本控制线路的改装,要求实现电动机基本控制线路相应的功能,并具有必要的保护措施。

任务 1 电动机单向启停控制线路的 PLC 改造

任务目标

(1)掌握 LD、LDI、OR、ORI、AND、OUT、END 等基本指令和编程元件(X、Y)的功能及应用。

(2)掌握 PLC 的编程原则。

(3)根据控制要求,将三相异步电动机单向启动控制的继电控制电路转换成梯形图。

任务内容

用 PLC 控制系统实现三相异步电动机单向启动电路的控制,完成自动装载装置控制系统的改造。要求如下:

(1)能够通过启停按钮实现三相异步电动机单向连续运行的启停控制。

(2)具有短路保护和过载保护等必要的保护措施。

(3)利用 PLC 基本指令来实现上述控制。

 实训指导

1.任务分析

PLC 控制系统与继电—接触器逻辑控制系统有着本质的区别,它是通过软件编程来实现控制功能的,即它通过输入端子接收外部输入信号,接内部输出继电器;输出继电器的触点接到 PLC 的输出端子上,由已编好的程序驱动,通过输出继电器触点的通断,实现对负载的功能控制。因此在本次任务中,应首先连接 PLC 的基本驱动指令和编程元件的功能与应用,以及 PLC 的软件系统及梯形图的编程原则。然后根据控制要求,灵活地运用经验法,按照图形图的设计原则,将三相异步电动机单向启动电路控制的继电控制电路转换为梯形图。同时通过 GX-Works2 编程软件,采用梯形图编程并进行模拟仿真,完成控制系统的调试。三相异步电动机单向启动电路原理如图 3.1.1 所示。

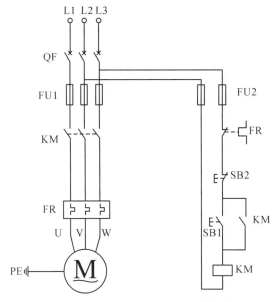

图 3.1.1　三相异步电动机单向启动电路原理

2.相关理论

(1)编程元件(X,Y)

①输入继电器(X)

输入继电器(X)与输入端相连,它是专门用来接收 PLC 外部开关信号的元件。PLC

通过输入接口将外部输入信号状态(接通时为"1",断开时为"0")读入并存储在输入映像寄存器中。其特点如下:

➢　因为输入继电器必须由外部信号驱动,不能由程序驱动,所以在程序中不可能出现其线圈。因为输入继电器反映输入映像寄存器中的状态,所以其触点的使用次数不限,即各点输入继电器都有任意对常开及常闭触点供编程使用。

➢　FX 系列 PLC 的输入继电器采用 X 和八进制功能组成编号,如 X000～X007、X010～X017 等。

②输入继电器(Y)

输出继电器可将 PLC 内部信号传送给外部负载(输出设备)。输出继电器线圈由 PLC 内部程序的指令驱动,其线圈状态传送给输出单元,再由输出单元对应的硬触点来驱动外部负载。其特点如下:

➢　每个输出继电器在输出单元都对应有唯一一个常开硬触点,但在程序中供编程用的输出继电器,无论是常开触点还是常闭触点,都是软触点,所以可使用无数次,即每个输出继电器都有一个线圈及任意对常开及常闭触点供编程使用。

➢　FX 系列 PLC 的输入继电器采用 Y 和八进制功能组成编号,如 Y000～Y007、Y010～Y017 等。

(2)基本指令(LD,LDI,OR,ORI,AND,ANI,OUT,END)

①基本指令助记符及功能

基本指令的助记符及功能如表 3.1.1 所示。

表 3.1.1　基本指令的助记符及功能

助记符、名称	功能	可用软元件	程序步
LD(取指令)	常开触点逻辑运算开始	X,Y,M,S,T,C	1
LDI(取反指令)	常闭触点逻辑运算开始	X,Y,M,S,T,C	1
AND(与指令)	串联-常开触点	X,Y,M,S,T,C	1
ANI(与非指令)	串联-常闭触点	X,Y,M,S,T,C	1
OR(或指令)	并联-常开触点	X,Y,M,S,T,C	1
ORI(或非指令)	并联-常闭触点	X,Y,M,S,T,C	1
OUT(输出指令)	驱动线圈的输出	Y,M,S,T,C	Y,M:1 步 特殊 M:2 步 T:3 步 C:3～5 步
END(结束指令)	表示程序结束,返回起始地址		1

②指令功能说明

➢　LD,LDI 分别是取常开触点和常闭触点,LD 指令是将常开触点接到左母线上,LDI 是将常闭触点接到左母线上,都是将指定操作元件中的内容取出并送入操作器。在分支电路的起点处,LD,LDI 可与 ANB,ORB 指令组合使用。LD,LDI 指令对应的梯形图与指令表实例如下:

➤ OR,ORI 指令是从当前步开始,将一个触点与前面的 LD,LDI 指令进行并联。也就是说,从当前步开始,将常开触点或常闭触点接到左母线上。OR 用于常开触点的并联,ORI 用于常闭触点的并联,都是把制定操作元件中的内容和原来保存在操作器里的内容进行逻辑或,并将这一逻辑运算的结果存入操作器。对于两个或两个以上触点的并联,将会用到后面任务介绍的 ORB 指令。

➤ AND,ANI 指令可进行 1 个触点的串联。串联触点的数量不受限制,可多次使用。

➤ OUT 指令是对输出继电器、辅助继电器、状态继电器、定时器、计数器等线圈的驱动指令,但不能用于输入继电器。这些线圈均接于右母线。另外,OUT 指令还可并联线圈进行多次驱动。

📍 任务实施

1. 工作准备

(1)按照工作要求穿戴好安全劳保用品,并分成小组。

(2)学习工作场地安全操作规程,安全文明工作。

(3)了解操作工位的情况,包括设备、仪器仪表、电源电压。

(4)准备相应课程内容的学习资料。

2. 器材准备

(1)工具:常用电工工具一套(螺丝刀、试电笔、钢丝钳、尖嘴钳等)。

(2)仪表:数字万用表。

(3)器件:低压断路器 1 个、熔断器 6 个、组合按钮 1 个、接触器 1 个、接线端子排 1 个、FX3U-8MR 型可编程序控制器 1 个等。

3. 实训操作

(1)写出 I/O 分配表

本任务要求:按下启动按钮 SB2,KM 线圈得电,KM 自锁触点吸合,电动机连续运行;按下停止按钮 SB1,KM 线圈失电,KM 自锁触点断开,电动机停止运行。根据本任务控制要求,可确定 PLC 需要 2 个输入点、1 个输出点,其 I/O 通道地址分配情况如表 3.1.2 所示。

表 3.1.2　I/O 通道地址分配情况

输入			输出		
元器件代号	作用	输入继电器	元器件代号	作用	输出继电器
SB1	停止按钮	X000	KM	运行控制	Y000
SB2	启动按钮	X001			

(2)画出 PLC 接线图(I/O 接线图)

PLC 接线图如图 3.1.2 所示。注意:若输入信号非 NPN 传感器或 PNP 传感器时,S/S 既可以接 0V,又可以接 24V。当 S/S 接 0V 时,按钮的公共端需接 24V;相反,当 S/S 接 24V 时,按钮的公共端需接 0V。

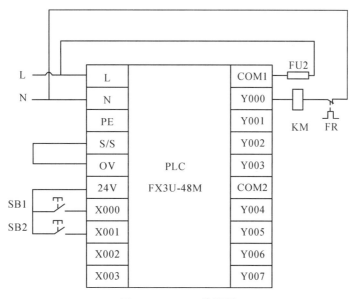

图 3.1.2　PLC 接线图

（3）程序设计

根据 I/O 通道地址分配及任务控制要求分析,设计本任务控制的梯形图,并写出指令表。

编程思路:当按下启动按钮 SB2 时,输入继电器 X001 接通,输出继电器 Y000 置 1,交流接触器 KM 线圈得电,这时电动机连续运行。此时即使松开按钮 SB2,输出继电器 Y000 仍保持接通状态,这就是继电器逻辑控制中所说的"自锁";当按下停止按钮 SB1 时,输出继电器 Y000 置 0,电动机停止运行。从以上分析可知,满足电动机连续运行控制要求,需要用到启动和复位控制程序。PLC 控制电动机单向启停电路梯形图及指令如图 3.1.3 所示,又称起—保—停电路,它是梯形图中最基本的电路之一,应用极为广泛,其最主要的特点是具有"记忆"功能。

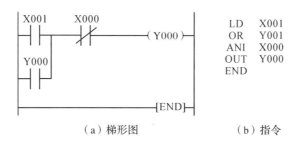

　　（a）梯形图　　　　　　（b）指令

图 3.1.3　PLC 控制电动机单向启停电路梯形图及指令

（4）程序写入

①新建工程

新建工程选择 PLC 类型为 FX3U/FX3UC,程序语言为梯形图,如图 3.1.4 所示。

新建工程
工程类型(P):
简单工程
确定
取消
使用标签(L)
PLC系列(S):
FXCPU
PLC类型(T):
FX3U/FX3UC
程序语言(G):
梯形图

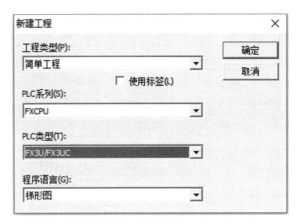

图 3.1.4　工程新建界面

②程序输入

将图 3.1.4 所示的梯形图按下列步骤输入计算机中。指令输入的方法可以有以下几种：

➢ 将光标放在想要输入的地方并单击，然后在键盘中输入指令助记符，按回车键完成，注意指令与软元件之间需要用空格分开。

➢ 将光标放在想要输入的地方并双击，出现“梯形图输入”提示框，在提示框左侧找到应输入的指令，右侧输入软元件，按回车键或“确定”键完成。

➢ 用快捷键输入指令，指令对应的快捷键在工具条中可找到，如 LD 指令对应 F5 等。

③程序编译与仿真

➢ 程序输入完成后按快捷键 F4 或单击菜单栏中“转换/编译”按钮进行程序编译，如图 3.1.5 所示。如果有语法错误，此时会进行报错。

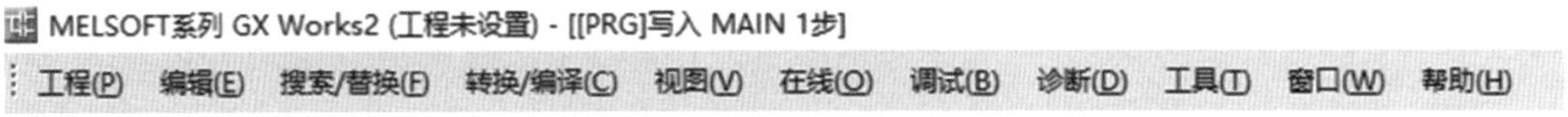

MELSOFT系列 GX Works2 (工程未设置) - [[PRG]写入 MAIN 1步]
工程(P) 编辑(E) 搜索/替换(F) 转换/编译(C) 视图(V) 在线(O) 调试(B) 诊断(D) 工具(T) 窗口(W) 帮助(H)

图 3.1.5　“转换/编译”菜单栏

➢ 单击菜单栏界面中“调试”→“模拟开始/停止”→弹出窗口，如图 3.1.6 所示，等待写入完成后，单击“关闭”按钮。在主窗口的“操作编辑区”中选择梯形图中软元件，单击鼠标右键，在右键菜单中选择“调试”→“当前值更改”，如图 3.1.7 所示。

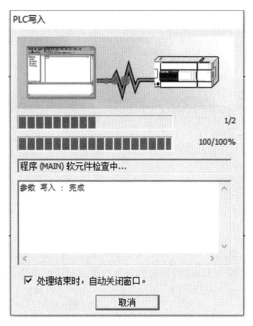

图 3.1.6　PLC 写入模拟窗口

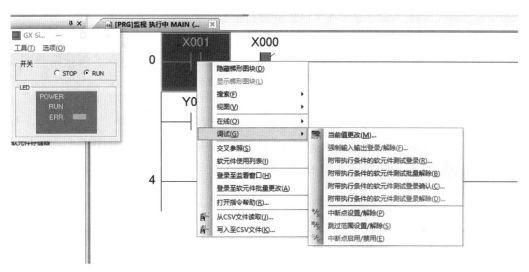

图 3.1.7　调试界面

④程序下载

先将三菱专用串口线连接好计算机与 PLC，接通 PLC 的火线与零线电源，选择的是 RS232 串口连接。至于 COM 口，先看电脑用的是哪一个 COM 口，比如是 5 就选择 COM5，然后进行通信测试。通信测试成功后，单击"确定"按钮。再在软件界面菜单栏中找到"在线"→"PLC 写入"→选择"程序＋参数选项"，单击"执行"按钮，系统提示写入成功即可。图 3.1.8 所示为编写好的电动机连续运行梯形图。

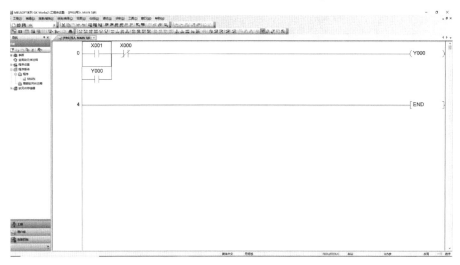

图 3.1.8　编写好的电动机连续运行梯形图

(5)电路安装与调试

①安装电路

➢ 检查元器件。检查元器件规格是否符合要求,并用万用表检测元器件是否完好。

➢ 固定元器件。固定好本任务所需元器件。

➢ 配线安装。根据配线原则和工艺要求,按照图 3.1.2 所示进行电路的接线。

➢ 自检。对照接线图检测接线是否无误,再使用万用表检测电路的阻值是否与设计相符。

②通电调试

➢ 经自检无误后,在实训老师指导下,方可通电调试。

➢ 按照表 3.1.3 进行操作,观察系统运行情况并做好记录。如出现故障,应立即切断电源,分析原因、检查电路或梯形图,排除故障后,方可进行重新调试,直到系统功能调试成功为止。

表 3.1.3　程序调试步骤及运行情况记录

操作步骤	操作内容	观察内容	观察结果
第一步	将程序下载到 PLC,合上断路器 QF	"POWER"灯	
		所有"IN"灯	
第二步	将 RUN/STOP 开关拨到"RUN"位置	"RUN"灯	
第三步	按下启动按钮 SB2	接触器 KM	
第四步	按下停止按钮 SB1		
第五步	将 RUN/STOP 开关拨到"STOP"位置	"RUN"灯	
第六步	按下启动按钮 SB2	接触器 KM	
第七步	按下停止按钮 SB1		

检查评价

对任务实施的完成情况进行检查评价,并将结果填入表 3.1.4 中。

表 3.1.4　电动机单向启停控制线路的 PLC 改造任务评价表

内容	考核要求	评分标准	配分	扣分
电路设计 (20分)	根据任务,设计电路电气原理图,列出 I/O 分配表,设计梯形图及 PLC 控制 I/O 接线图	1.分配 I/O 信号,输入包括启动信号、停止信号,输出为电动机运行	10 分	
		2.设计梯形图,梯形图如图 3.1.3 所示	5 分	
		3.设计接线图,接线图如图 3.1.2 所示	5 分	
程序下载 (40分)	熟练正确地将所编程序输入 PLC;按照被控设备的动作要求进行模拟调试,达到设计要求	1.熟练操作 LD、ANI、OR、OUT 指令	10 分	
		2.熟练使用删除、插入、修改、存盘等命令	10 分	
		3.单击"仿真"按钮,Y0 自锁运行	20 分	
安装调试 (30分)	按 PLC 控制 I/O 口接线图,将元件在配线板上布置合理,安装准确紧固,导线要进入线槽,并正确连接	1.按下启动按钮,继电器得电动作,电动机正转运行	10 分	
		2.按下停止按钮,继电器失电断开,电动机停止运行	10 分	
		3.布线不进入线槽,不美观,主电路、控制电路每根扣 1 分;接点松动,露铜过长,反圈,压绝缘层,引出端无别径压端子,每处扣 1 分	10 分	
安全文明生产 (10分)	劳动保护用品穿戴整齐,电工工具佩带齐全;遵守操作规程;讲文明礼貌;操作结束后清理现场	1.操作中,违反安全文明生产要求的任何一项扣 2 分,扣完为止	5 分	
		2.如有重大事故隐患时,要立即予以制止,并每次扣安全文明生产总分 5 分	5 分	

思考题

设计两地控制电动机单向连续运行的 PLC 控制系统。

任务 2　接触器互锁控制线路的 PLC 改造

任务目标

(1)掌握 SET、RST 基本指令和编程元件(X,Y)的功能及应用。

(2)掌握梯形图的编程原则。

(3)根据控制要求,将接触器互锁正反转控制的继电控制电路转换成梯形图。

(4)掌握经验法编程思想。

任务内容

用 PLC 控制系统实现接触器互锁正反转控制电路,完成自动装载装置控制系统的改造。要求如下。

(1)能够通过启停按钮实现三相异步电动机的接触器互锁正反转运行的启停控制。

(2)具有短路保护和过载保护等必要的保护措施。

(3)利用置位、复位等基本指令来实现上述控制。

 实训指导

1.任务分析

三相异步电动机正反转接触器互锁电路的原理为:启动时,首先合上总电源开关 QF,按下正转启动按钮 SB2,接触器 KM1 线圈得电,其辅助常开触点闭合自锁,辅助常闭触点断开联锁,主触点闭合,电动机正转运行;当需要切换为反转时,应先按下停止按钮 SB1,接触器 KM1 线圈断电,KM1 触点复位断正向电源。再按下反转启动按钮 SB3,接触器 KM2 线圈得电,其辅助常开触点闭合自锁,辅助常闭触点断开联锁,主触点闭合,电动机反转运行。

在本次任务学习时,应首先了解实现本次任务 PLC 控制的基本逻辑指令的功能及应用,以及 PLC 软件系统与梯形图编程原则。然后根据控制要求,能灵活运用经验法,按梯形图的设计原则,将接触器互锁正反转控制电路转换成梯形图。同时通过 GX Works2 编程软件进行编程,并进行仿真测试。最后写入已接好外部接线的 PLC 中,完成控制系统的调试。三相异步电动机接触器互锁正反转控制电路原理如图 3.2.1 所示。

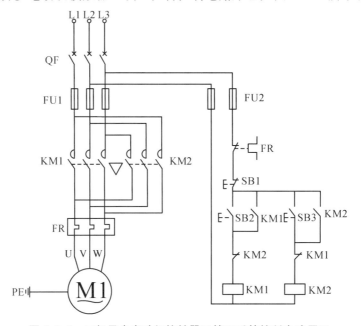

图 3.2.1 三相异步电动机接触器互锁正反转控制电路原理

2.相关理论

(1)置位/复位指令(SET/RST)

①指令的助记符和功能

电路块的并联与串联连接指令(ORB,ANB)的助记符和功能如表 3.2.1 所示。

表 3.2.1　ORB 和 ANB 的助记符及功能

助记符、名称	功能	可用软元件	程序步
SET(置位)	保持动作	Y,M,S	Y,M:1 步 S、特殊 M:2 步 D,V,Z:3 步
RST(复位)	清除动作保持,寄存器清零	Y,M,S,C,D,V,Z	

②关于指令功能的说明

➢　当控制触点接通时,SET 使作用的元件位置置位,RST 使作用的元件复位。

➢　对同一软元件,可以多次使用 SET 和 RST 指令,使用顺序也可随意,但最后执行的指令有效。

➢　对计数器 C、寄存器 D 和变址寄存器 V、Z 的寄存内容清零,可以用 RST 指令。

(2)经验设计法

在 PLC 发展的初期,沿用了设计继电器电路图的方法来设计梯形图程序,即在已有的典型梯形图的基础上,根据被控对象对控制的要求,不断地修改和完善梯形图。有时需要多次反复调试和修改梯形图,不断地增加中间编程元件和触点,才能得到一个较为满意的结果。这种方法没有普遍的规律可以遵循,设计所用的时间、设计的质量与编程者的经验有很大的关系,所以有人把这种设计方法称为经验设计法。它可以用于逻辑关系较简单的梯形图程序设计。

用经验设计法设计 PLC 程序时,大致可以按下列几步来进行:分析控制要求、选择控制原则;设计主令元件和检测元件,确定输入输出设备;设计执行元件的控制程序;检查修改和完善程序。

经验设计法一般适合于设计一些简单的梯形图程序或复杂系统的某一局部程序(如手动程序等)。如果用来设计复杂系统梯形图,存在以下问题:

➢　考虑不周、设计麻烦、设计周期长。

➢　梯形图的可读性差、系统维护困难。

📍 **任务实施**

1.工作准备

(1)按照工作要求穿戴好安全劳保用品。

(2)学习工作场地安全操作规程,安全文明工作。

(3)了解操作工位的情况,包括设备、仪器仪表、电源电压。

(4)准备相应课程内容的学习资料。

2.器材准备

(1)工具:常用电工工具一套(螺丝刀、试电笔、钢丝钳、尖嘴钳等)。

（2）仪表：数字万用表。

（3）器件：低压断路器 1 个、熔断器 6 个、组合按钮 1 个、接触器 1 个、接线端子排 1 个、FX3U-48MR 型可编程序控制器 1 个等。

3.实训操作

（1）写出 I/O 分配表

本任务要求：启动时，首先合上总电源开关 QF，按下正转启动按钮 SB2，接触器 KM1 线圈得电，其辅助常开触点闭合自锁，辅助常闭触点断开联锁，主触点闭合，电动机正转运行；当需要切换为反转时，应先按下停止按钮 SB1，接触器 KM1 线圈断电，KM1 触点复位断正向电源。再按下反转启动按钮 SB3，接触器 KM2 线圈得电，其辅助常开触点闭合自锁，辅助常闭触点断开联锁，主触点闭合，电动机反转运行。

根据本任务控制要求，可确定 PLC 需要 3 个输入点、2 个输出点，其 I/O 通道地址分配情况如表 3.2.2 所示。

表 3.2.2　I/O 通道地址分配情况

输入			输出		
元器件代号	作用	输入继电器	元器件代号	作用	输出继电器
SB1	停止按钮	X000	KM1	正转控制	Y000
SB2	正转按钮	X001	KM2	反转控制	Y001
SB3	反转按钮	X002			

（2）画出 PLC 接线图（I/O 接线图）

PLC 接线图如图 3.2.2 所示。

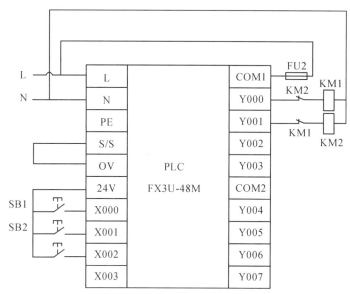

图 3.2.2　PLC 接线图

（3）程序设计

根据 I/O 通道地址分配及任务控制要求分析，设计本任务控制的梯形图，并写出指令表。

当按下正转启动按钮时，输入继电器 X001 接通，输出继电器 Y000 置 1，接触器 KM1 线圈得电并自锁，电动机正转连续运行。若按下停止按钮 SB1 时，输入继电器 X000 接通，输出继电器 Y000 置 0，接触器 KM1 线圈断电，主触点断开，电动机停止运行；当按下反转启动按钮 SB3 时，输入继电器 X002 接通，输出继电器 Y001 置 1，接触器 KM2 线圈得电并自锁，主触点闭合，电动机反转连续运行。若按下停止按钮 SB1 时，输入继电器 X000 接通，输出继电器 Y001 置 0，接触器 KM1 线圈断电，主触点断开，电动机停止运行。结合以上的编程分析及所学的启—保—停基本编程环节和置位/复位指令，进行以下两种编程设计方案。

设计方案一：直接用启—保—停基本编程环节进行设计，如图 3.2.3 所示。

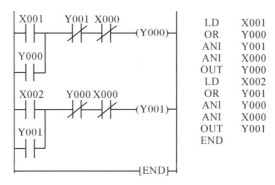

图 3.2.3　启—保—停基本编程环节编写的梯形图

设计方案二：利用 SET/RST 指令进行设计，如图 3.2.4 所示。

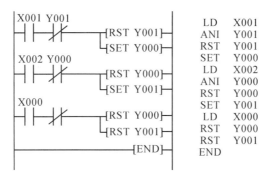

图 3.2.4　置位/复位指令编写的梯形图

（4）程序写入

方法步骤与项目 3 任务 1 中一致，图 3.2.5 所示为已完成的接触器互锁控制线路工程。

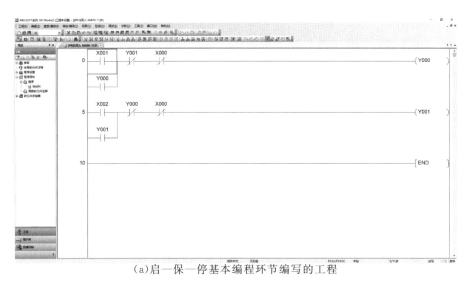

（a）启—保—停基本编程环节编写的工程

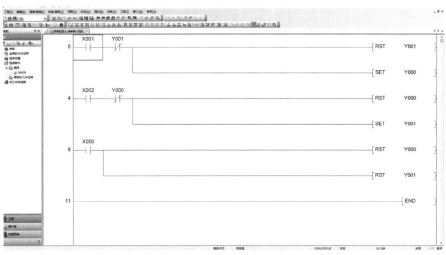

（b）置位/复位指令编写的工程

图 3.2.5　已完成的接触器互锁控制线路工程

（5）电路安装与调试

①安装电路

➢　检查元器件。检查元器件规格是否符合要求，并用万用表检测元器件是否完好。

➢　固定元器件。固定好本任务所需元器件。

➢　配线安装。根据配线原则和工艺要求，按照图 3.2.1 所示进行电路的接线。

➢　自检。对照接线图检测接线是否无误，再使用万用表检测电路的阻值是否与设计的相符。

②通电调试

➢　经自检无误后，在实训老师的指导下，方可通电调试。

➢　按照表 3.2.3 进行操作，观察系统运行情况并做好记录。如出现故障，应立即切断电源，分析原因、检查电路或梯形图，排除故障后，方可进行重新调试，直到系统功能调试成功为止。

表 3.2.3　程序调试步骤及运行情况记录

操作步骤	操作内容	观察内容	观察结果
第一步	按下 SB2		
第二步	按下 SB1		
第三步	按下 SB3	KM1、KM2 动作和电动机运行	
第四步	再按下 SB1		
第五步	再按下 SB2		
第六步	再按下 SB3		

检查评价

对任务实施的完成情况进行检查评价,并将结果填入表 3.2.4 中。

表 3.2.4　接触器互锁控制线路的 PLC 改造任务评价表

内容	考核要求	评分标准	配分	扣分
电路设计 (20 分)	根据任务,设计电路电气原理图,列出 I/O 分配表,设计梯形图及 PLC 控制 I/O 接线图	1. 分配 I/O 信号,输入包括正转信号、反转信号、停止信号,输出为正转运行、反转运行	10 分	
		2. 设计梯形图,梯形图如图 3.2.3 或图 3.2.4 所示	5 分	
		3. 设计接线图,接线图如图 3.2.2 所示	5 分	
程序下载 (40 分)	熟练正确地将所编程序输入 PLC;按照被控设备的动作要求进行模拟调试,达到设计要求	1. 熟练操作 LD、ANI、OR、OUT 指令	10 分	
		2. 熟练使用 SET、RST 指令	10 分	
		3. 单击"仿真"按钮,Y0 正转运行、Y1 反转运行(Y0 得电时,Y1 无法自锁;Y1 得电时,Y0 无法自锁)	20 分	
安装调试 (30 分)	按 PLC 控制 I/O 口接线图,将元件在配线板上布置合理,安装准确紧固,导线要进入线槽,并正确连接	1. 按下正转按钮,正转继电器得电动作,电动机正转运行(此时直接按下反转按钮,电动机不动作)	5 分	
		2. 按下反转按钮,反转继电器得电动作,电动机反转运行(此时直接按下正转按钮,电动机不动作)	5 分	
		3. 按下停止按钮,正转或反转继电器失电断开,电动机停止运行	10 分	
		4. 布线不进入线槽,不美观,主电路、控制电路每根扣 1 分;接点松动,露铜过长,反圈,压绝缘层,引出端无别径压端子,每处扣 1 分	10 分	
安全文明生产 (10 分)	劳动保护用品穿戴整齐,电工工具佩带齐全;遵守操作规程;讲文明礼貌;操作结束后清理现场	1. 操作中,违反安全文明生产要求的任何一项扣 2 分,扣完为止	5 分	
		2. 如有重大事故隐患时,要立即予以制止,并每次扣安全文明生产总分 5 分	5 分	

思考题

设计用 SET/RST 指令编写两地控制电动机单向连续运行的 PLC 控制系统。

任务 3　双重联锁正反转控制线路的 PLC 改造

 任务目标

(1)掌握梯形图的编程原则。

(2)根据控制要求,将双重联锁正、反转控制的继电控制电路转换成梯形图。

(3)掌握经验法编程思想。

 任务内容

用 PLC 控制系统实现接触器双重联锁正、反转控制电路,完成自动装载装置控制系统的改造。要求如下:

(1)能够通过启停按钮实现三相异步电动机的双重联锁正反转的启停控制。

(2)具有短路保护和过载保护等必要的保护措施。

(3)利用 PLC 基本指令来实现上述控制。

实训指导

1.任务分析

三相异步电动机接触器按钮双重联锁正反转控制电路的原理为:启动时,首先合上总电源开关 QF,按下正转启动按钮 SB2,接触器 KM1 线圈得电,其辅助常开触点闭合自锁,辅助常闭触点断开联锁,主触点闭合,电动机正转运行;按下反转启动按钮 SB3,KM1 辅助常开触点断开,电动机正转停止,接触器 KM2 线圈得电,其辅助常开触点闭合自锁,辅助常闭触点断开联锁,主触点闭合,电动机反转运行;当按下停止按钮 SB1 时,KM1 和 KM2 线圈均失电,电动机停止运行。接触器按钮双重联锁正反转控制电路原理如图 3.3.1 所示。

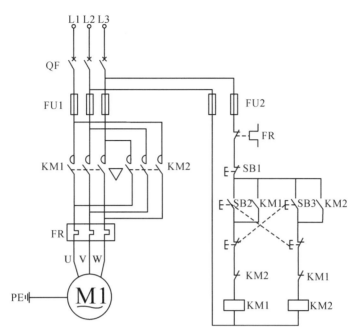

图 3.3.1　接触器按钮双重联锁正反转控制电路原理

2.相关理论

(1)基本指令(ANB,ORB)

指令的助记符和功能。电路块的并联与串联连接指令(ORB,ANB)的助记符和功能如表 3.3.1 所示。

表 3.3.1　ORB 和 ANB 的助记符及功能

助记符、名称	功能	可用软元件	程序步
ORB(电路块或)	串联电路的并联连接	无	1
ANB(电路块与)	并联电路的串联连接	无	1

(2)关于指令功能的说明

➤　2 个或 2 个以上触点串联的电路块称为串联电路块。将串联电路块作并联时,分支开始用 LD 和 LDI 指令,分支结束用 ORB 指令,梯形图如图 3.3.3 所示。

➤　1 个或多个触点的串联电路形成的并联分支电路称为并联电路块。并联电路块在串联时,要使用 ANB 指令。此电路块的起始要用 LD 和 LDI 指令,分支结束后用 ANB 指令,梯形图如图 3.3.3(a)所示。

➤　多个串联电路块作并联,或多个并联电路作串联时,电路块的数量没有限制。

➤　在使用 ORB 指令编程时,也可把所需并联的回路连贯地写出,而在这些回路的末尾连续使用与回路个数相同的 ORB 指令,这时的指令最多使用 7 次。

➤　在使用 ANB 指令编程时,也可把所需串联的回路连贯地写出,而在这些回路的末尾连续使用与回路个数相同的 ANB 指令,这时的指令最多使用 7 次。

任务实施

1.工作准备

(1)按照工作要求穿戴好安全劳保用品。

(2)学习工作场地安全操作规程,安全文明工作。

(3)了解操作工位的情况,包括设备、仪器仪表、电源电压。

(4)准备相应课程内容的学习资料。

2.器材准备

(1)工具:常用电工工具一套(螺丝刀、试电笔、钢丝钳、尖嘴钳等)。

(2)仪表:数字万用表。

(3)器件:低压断路器 1 个、熔断器 6 个、组合按钮 1 个、接触器 1 个、接线端子排 1 个、FX3U-48MR 型可编程序控制器 1 个等。

3.实训操作

(1)写出 I/O 分配表

本任务要求:启动时,首先合上总电源开关 QF,按下正转启动按钮 SB2,接触器 KM1 线圈得电,其辅助常开触点闭合自锁,辅助常闭触点断开联锁,主触点闭合,电动机正转运行;当需要切换为反转时,应先按下停止按钮 SB1,接触器 KM1 线圈断电,KM1 触点复位断正向电源。再按下反转启动按钮 SB3,接触器 KM2 线圈得电,其辅助常开触点闭合自锁,辅助常闭触点断开联锁,主触点闭合,电动机反转运行。

根据本任务控制要求,可确定 PLC 需要 3 个输入点、2 个输出点,其 I/O 通道地址分配情况如表 3.3.2 所示。

表 3.3.2　I/O 通道地址分配情况

输入			输出		
元器件代号	作用	输入继电器	元器件代号	作用	输出继电器
SB1	停止按钮	X000	KM1	正转控制	Y000
SB2	正转按钮	X001	KM2	反转控制	Y001
SB3	反转按钮	X002			

(2)画出 PLC 接线图(I/O 接线图)

PLC 接线图如图 3.3.2 所示。

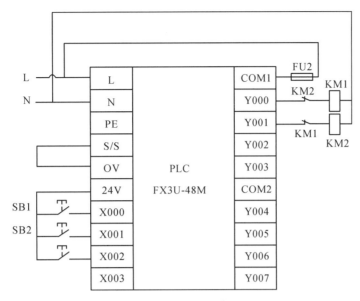

图 3.3.2　PLC 接线图

（3）程序设计

根据 I/O 通道地址分配及任务控制要求分析,设计本任务控制的梯形图,并写出指令表。

当按下正转启动按钮时,输入继电器 X001 接通,输出继电器 Y000 置 1,接触器 KM1 线圈得电并自锁,电动机正转连续运行;若按下停止按钮 SB1 时,输入继电器 X000 接通,输出继电器 Y000 置 0,接触器 KM1 线圈断电,主触点断开,电动机停止运行;当按下反转启动按钮 SB3 时,输入继电器 X002 接通,输出继电器 Y001 置 1,接触器 KM2 线圈得电并自锁,主触点闭合,电动机反转连续运行;若按下正转按钮 SB2 时,输入继电器 X001 接通,输出继电器 Y000 置 1,接触器 KM1 线圈得电,电动机正转运行。可直接用启—保—停基本编程环节进行设计。

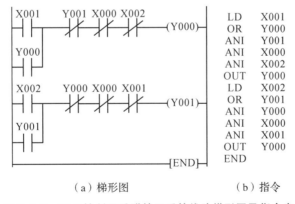

（a）梯形图　　　　（b）指令

图 3.3.3　PLC 控制双重联锁正反转线路梯形图及指令表

（4）程序写入

方法步骤与项目 3 任务 1 中一致,图 3.3.4 所示为已完成的双重联锁正反转控制线路工程。

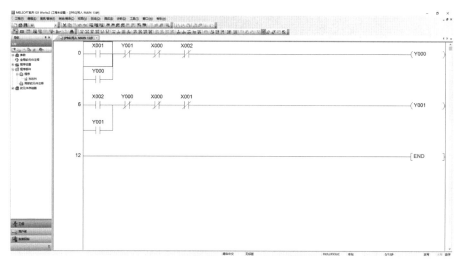

图 3.3.4　已完成的双重联锁正反转控制线路工程

（5）电路安装与调试

①安装电路

➢　检查元器件。检查元器件规格是否符合要求，并用万用表检测元器件是否完好。

➢　固定元器件。固定好本任务所需元器件。

➢　配线安装。根据配线原则和工艺要求，按照图 3.3.1 所示进行电路的接线。

➢　自检。对照接线图检测接线是否无误，再使用万用表检测电路的阻值是否与设计相符。

②通电调试

➢　经自检无误后，在实训老师的指导下，方可通电调试。

➢　按照表 3.3.3 进行操作，观察系统运行情况并做好记录。如出现故障，应立即切断电源，分析原因、检查电路或梯形图；排除故障后，方可进行重新调试，直到系统功能调试成功为止。

表 3.3.3　程序调试步骤及运行情况记录

操作步骤	操作内容	观察内容	观察结果
第一步	按下 SB2		
第二步	按下 SB1		
第三步	按下 SB3	KM1、KM2 动作和电动机运行	
第四步	再按下 SB1		
第五步	再按下 SB2		
第六步	再按下 SB3		

检查评价

对任务实施的完成情况进行检查评价，并将结果填入表 3.3.4 中。

表 3.3.4　双重联锁正反转控制线路的 PLC 改造任务评价表

内容	考核要求	评分标准	配分	扣分
电路设计 (20 分)	根据任务,设计电路电气原理图,列出 I/O 分配表,设计梯形图及 PLC 控制 I/O 接线图	1. 分配 I/O 信号,输入包括正转信号、反转信号、停止信号,输出为正转运行、反转运行	10 分	
		2. 设计梯形图,梯形图如图 3.3.3 所示	5 分	
		3. 设计接线图,接线图如图 3.3.2 所示	5 分	
程序下载 (40 分)	熟练正确地将所编程序输入 PLC;按照被控设备的动作要求进行模拟调试,达到设计要求	1. 熟练操作 LD、ANI、OR、OUT 指令	10 分	
		2. 熟练使用 SET、RST 指令	10 分	
		3. 单击"仿真"按钮,按下正转启动信号,Y0 正转运行;按下正转启动信号,Y1 反转运行(可直接切换)	20 分	
安装调试 (30 分)	按 PLC 控制 I/O 口接线图,将元件在配线板上布置合理,安装准确紧固,导线要进入线槽,并正确连接	1. 按下正转按钮,正转继电器得电动作,电动机正转运行(此时直接按下反转按钮,电动机可直接反转)	5 分	
		2. 按下反转按钮,反转继电器得电动作,电动机反转运行(此时直接按下正转按钮,电动机可直接正转)	5 分	
		3. 按下停止按钮,正转或反转继电器失电断开,电动机停止运行	10 分	
		4. 布线不进入线槽,不美观,主电路、控制电路每根扣 1 分;接点松动,露铜过长,反圈,压绝缘层,引出端无别径压端子,每处扣 1 分	10 分	
安全文明生产 (10 分)	劳动保护用品穿戴整齐,电工工具佩带齐全;遵守操作规程;讲文明礼貌;操作结束后清理现场	1. 操作中,违反安全文明生产要求的任何一项扣 2 分,扣完为止	5 分	
		2. 如有重大事故隐患时,要立即予以制止,并每次扣安全文明生产总分 5 分	5 分	

💬 **思考题**

设计用 SET/RST 指令编写电动机双重联锁正反转运行的 PLC 控制系统。

任务 4　星-三角降压启动(按钮切换)控制线路的 PLC 改造

任务目标

(1)掌握梯形图的编程原则。

(2)根据控制要求,将星-三角降压启动(按钮切换)的继电控制电路转换成梯形图。

(3)掌握经验法编程思想。

任务内容

用 PLC 控制系统实现星-三角降压启动(按钮切换)控制电路,完成自动装载装置控制系统的改造。要求如下:

(1)能够通过启停按钮实现三相异步电动机的星-三角降压启动(按钮切换)的电路控制。

(2)具有短路保护和过载保护等必要的保护措施。

(3)利用上升沿触发(LDP)等指令来实现上述控制。

 实训指导

1.任务分析

三相异步电动机按钮切换的星-三角降压启动电路原理为:按下启动按钮 SB2,接触器 KM1 和 KM3 线圈自锁得电,电动机星形启动;按下切换按钮 SB3,KM3 线圈失电,KM2 线圈自锁得电,电动机切换为三角形运行。在上述过程中 KM2 和 KM3 实现互锁。按下 SB1 按钮,电动机停止运行。按钮切换的星-三角降压启动电路原理如图 3.4.1 所示。

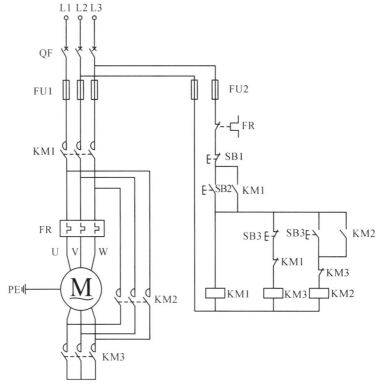

图 3.4.1　按钮切换的星-三角降压启动电路原理

2. 相关理论

上升沿触发、下降沿触发、区间复位(LDP、LDF、ZRST)。

①指令的助记符和功能

电路块的并联与串联连接指令(ORB,ANB)的助记符和功能,如表3.4.1所示。

表 3.4.1 ORB 和 ANB 的助记符及功能

助记符、名称	功能	可用软元件	程序步
LDP(上升沿触发)	上升沿脉冲触发操作	X,Y,M	1
LDF(下降沿触发)	下降沿脉冲触发操作	X,Y,M	1
ZRST(区间复位)	将连续地址进行置 0	Y,M,T,S	1

②关于指令功能的说明

➤ LDP 指令功能和 LD 指令功能基本一样,用于常开触点接左母线,不同的是 LDP 指令让常开触点只在闭合的瞬间接左母线的一个扫描周期,即只在接通的一瞬间有效。对比 LD 指令更加灵敏,外接按钮可消除按钮因抖动而产生的影响。

➤ LDF 指令功能同理,用于常开触点接左母线,LDF 指令让常开触点只在断开的瞬间接左母线的一个扫描周期,即只在断开的一瞬间有效。用法与 LDP 指令一样。

➤ ZRST 指令可一次性复位多个连续的地址(M,Y,T,S),如 PLC 上电时或每次循环开始前执行一次该指令,对程序中用到的所有地址清零一次,保证程序的稳定性。

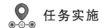 **任务实施**

1. 工作准备

(1)按照工作要求穿戴好安全劳保用品。

(2)学习工作场地安全操作规程,安全文明工作。

(3)了解操作工位的情况,包括设备、仪器仪表、电源电压。

(4)准备相应课程内容的学习资料。

2. 器材准备

(1)工具:常用电工工具一套(螺丝刀、试电笔、钢丝钳、尖嘴钳等)。

(2)仪表:数字万用表。

(3)器件:低压断路器 1 个、熔断器 6 个、组合按钮 1 个、接触器 1 个、接线端子排 1 个、FX3U-48MR 型可编程序控制器 1 个等。

3. 实训操作

(1)写出 I/O 分配表

本任务要求:启动时,首先合上总电源开关 QF,按下正转启动按钮 SB2,接触器 KM1 线圈得电,其辅助常开触点闭合自锁,辅助常闭触点断开联锁,主触点闭合,电动机正转运行;当需要切换为反转时,应先按下停止按钮 SB1,接触器 KM1 线圈断电,KM1 触点复位断正向电源。再按下反转启动按钮 SB3,接触器 KM2 线圈得电,其辅助常开触点闭合自锁,辅助常闭触点断开联锁,主触点闭合,电动机反转运行。

根据本任务控制要求,可确定 PLC 需要 3 个输入点、2 个输出点,其 I/O 通道地址分配情况如表 3.4.2 所示。

表 3.4.2　I/O 通道地址分配情况

输入			输出		
元器件代号	作用	输入继电器	元器件代号	作用	输出继电器
SB1	停止按钮	X000	KM1	启动控制	Y000
SB2	星形启动按钮	X001	KM2	星形运行	Y001
SB3	三角形切换按钮	X002	KM3	三角形运行	Y002

(2)画出 PLC 接线图(I/O 接线图)

PLC 接线图如图 3.4.2 所示。

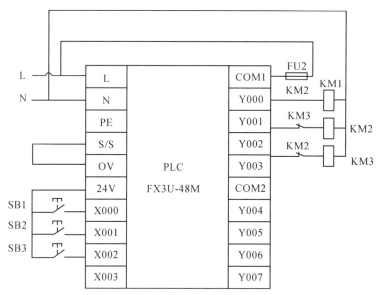

图 3.4.2　PLC 接线图

(3)程序设计

根据 I/O 通道地址分配及任务控制要求分析,设计本任务控制的梯形图(如图 3.4.3 所示),并写出指令表。

当按下星形启动按钮 SB2 时,输入继电器 X001 接通,输出继电器 Y000 置 1,接触器 KM1 线圈得电并自锁,电动机正转连续运行;同时输出继电器 Y001 置 1,接触器 KM2 得电自锁,此时电动机星形启动运行。若按下三角形运行按钮 SB3 时,输出继电器 Y001 置 0,接触器 KM2 线圈断电,输出继电器 Y002 得电,KM3 线圈得电自锁,电动机三角形运行;当按下停止按钮 SB1 时,输入继电器 X000 接通,输出继电器 Y000 置 0,接触器 KM1 线圈断电,电动机停止运行。

(4)程序写入

方法步骤与项目 3 任务 1 中一致,图 3.4.4 所示为已完成的星三角(手动切换)控制线路工程。

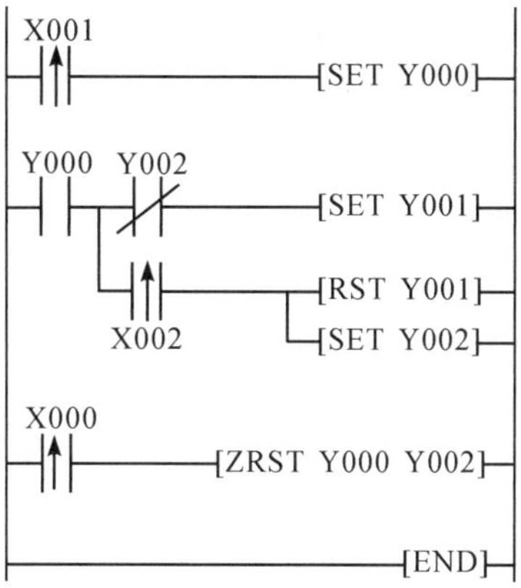

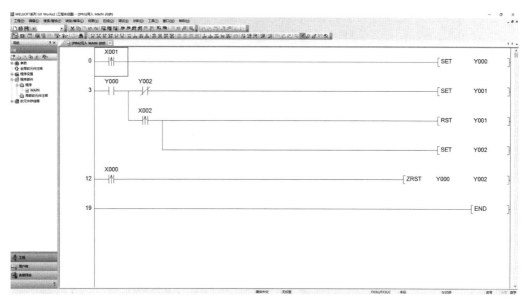

图3.4.3　星三角(手动切换)梯形图

图3.4.4　已完成的星三角(手动切换)控制线路工程

(5)电路安装与调试

①安装电路

➤　检查元器件。检查元器件规格是否符合要求,并用万用表检测元器件是否完好。

➤　固定元器件。固定好本任务所需元器件。

➤　配线安装。根据配线原则和工艺要求,按照图3.4.1所示进行电路的接线。

➤　自检。对照接线图检测接线是否无误,再使用万用表检测电路的阻值是否与设计相符。

②通电调试

➤　经自检无误后,在实训老师的指导下,方可通电调试。

➤　按照表3.4.3进行操作,观察系统运行情况并做好记录。如出现故障,应立即切断电源,分析原因、检查电路或梯形图;排除故障后,方可进行重新调试,直到系统功能调试成功为止。

表 3.4.3　程序调试步骤及运行情况记录

操作步骤	操作内容	观察内容	观察结果
第一步	按下 SB2	KM1、KM2 动作和电动机运行	
第二步	按下 SB3		
第三步	按下 SB1		

检查评价

对任务实施的完成情况进行检查评价,并将结果填入表 3.4.4 中。

表 3.4.4　星-三角降压启动(按钮切换)控制线路的 PLC 改造任务评价表

内容	考核要求	评分标准	配分	扣分
电路设计 (20分)	根据任务,设计电路电气原理图,列出 I/O 分配表,设计梯形图及 PLC 控制 I/O 接线图	1. 分配 I/O 信号,输入包括星形启动信号、三角形启动信号,输出为启动控制、星形运行、三角形运行	10 分	
		2. 设计梯形图,梯形图如图 3.4.3 所示	5 分	
		3. 设计接线图,接线图如图 3.4.2 所示	5 分	
程序下载 (40分)	熟练正确地将所编程序输入 PLC;按照被控设备的动作要求进行模拟调试,达到设计要求	1. 熟练操作 LDP、LDF 指令	10 分	
		2. 熟练使用 SET、RST、ZRST 指令	10 分	
		3. 点击仿真按钮,可实现电动机的星-三角切换	20 分	
安装调试 (30分)	按 PLC 控制 I/O 口接线图,将元件在配线板上布置合理,安装准确紧固,导线要进入线槽,并正确连接	1. 按下星形启动按钮,KM1、KM2 接触器得电,同时电动机星形启动	5 分	
		2. 按下三角形启动按钮,KM1、KM3 接触器得电,电动机三角形运行	5 分	
		3. 按下停止按钮,电动机停止运行	10 分	
		4. 布线不进入线槽,不美观,主电路、控制电路每根扣 1 分;接点松动,露铜过长,反圈,压绝缘层,引出端无别径压端子,每处扣 1 分	10 分	
安全文明生产 (10分)	劳动保护用品穿戴整齐,电工工具佩带齐全;遵守操作规程;讲文明礼貌;操作结束后清理现场	1. 操作中,违反安全文明生产要求的任何一项扣 2 分,扣完为止	5 分	
		2. 如有重大事故隐患时,要立即予以制止,并每次扣安全文明生产总分 5 分	5 分	

思考题

设计用 PLC 进行三相异步电动机拖动的小车自动往返控制电路的设计,并进行安装调试。控制要求如下。

(1)根据任务要求,画出主电路图,列出 PLC 控制 I/O 元件地址分配表,设计梯形图及 PLC 控制 I/O 口接线图,并能仿真运行。

（2）熟练编程，并能正确将所编程序输入 PLC；按照被控设备的动作进行模拟调试，达到设计要求。

（3）正确使用工具及万用表进行检查，通电试验时要注意人身和设备安全。

任务 5　星-三角降压启动（定时切换）控制线路的 PLC 改造

任务目标

（1）掌握梯形图的编程原则。

（2）根据控制要求，将星-三角降压启动（定时切换）的继电控制电路转换成梯形图。

（3）掌握经验法编程思想。

任务内容

用 PLC 控制系统实现图 3.5.1 所示的星-三角降压启动（定时切换）控制电路，完成自动装载装置控制系统的改造。要求如下：

（1）能够实现三相异步电动机的星-三角（定时切换）电路运行的启停控制。

（2）具有短路保护和过载保护等必要的保护措施。

（3）利用 PLC 基本指令来实现上述控制。

实训指导

1.任务分析

三相异步电动机星-三角降压启动（定时切换）电路的原理为：启动时，首先合上总电源开关 QF，按下正转启动按钮 SB2，接触器 KM1 线圈得电，其辅助常开触点闭合自锁，辅助常闭触点断开联锁，主触点闭合，电动机正转运行；按下反转启动按钮 SB3，KM1 辅助常开触点断开，电动机正转停止，接触器 KM2 线圈得电，其辅助常开触点闭合自锁，辅助常闭触点断开联锁，主触点闭合，电动机反转运行；当按下停止按钮 SB1 时，KM1 和 KM2 线圈均失电，电动机停止运行。时间继电器切换的星-三角降压启动电路原理如图 3.5.1 所示。

2.相关理论

（1）定时器（T）

PLC 中的定时器相当于继电器系统中的时间继电器。它有一个设定值寄存器（一个字长）、一个当前值寄存器（一个字长）和一个用来储存其输出触点状态的映像寄存器（占二进制的一位），这三个存储单元使用同一个元件号。FX 系列 PLC 的定时器分为通用定时器和积算定时器。

常数 K 可以作为定时器的设定值，也可以用数据寄存器（D）的内容来设置定时器。

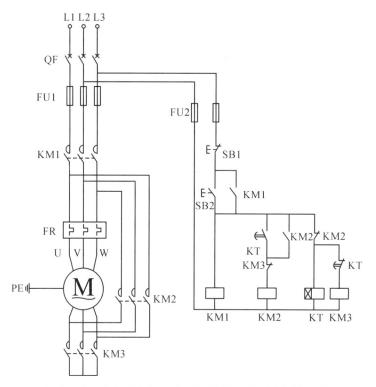

图 3.5.1　时间继电器切换的星-三角降压启动电路原理

例如,外部数字开关输入的数据可以存入数据寄存器,作为定时器的设定值。通常使用有电池后备的数据寄存器,这样在断电时不会丢失数据。

①通用定时器

FX3U 通用定时器个数和元件编号如表 3.5.1 所示。通用定时器有 100ms 定时器、10ms 定时器、1ms 定时器三种。编号从 T0 到 T249。图 3.5.2 中 X0 的常开触点接通时,T200 的当前值计数器从 0 开始,对 10ms 时钟脉冲进行累加计数。当前值等于设定值 414 时,定时器的常开触点接通,常闭触点断开,即 T200 的输出触点在其线圈被驱动 $10ms \times 414 = 4.14s$ 后动作。X0 的常开触点断开后,定时器被复位,它的常开触点断开,常闭触点接通,当前值恢复为 0。

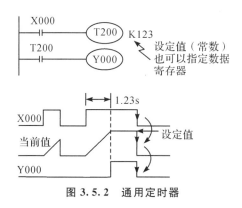

图 3.5.2　通用定时器

②累计定时器

FX3U累计定时器的个数和编号如表3.5.1所示。100ms累计定时器T250～T255的定时范围为0.1～3276.7s。X1的常开触点接通时(如图3.5.3所示)，T250的当前值计数器对100ms时钟脉冲进行累加计数。X1的常开触点断开或停电时停止定时，当前值保持不变。X1的常开触点再次接通或重新上电时继续定时，累计时间(t_1+t_2)为1055×100ms＝105.5s时，T250的触点动作。因为累计定时器的线圈断电时不会复位，需要用X2的常开触点使T250强制复位。

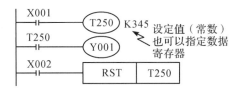

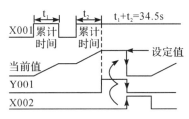

图3.5.3　累计定时器

表3.5.1　通用定时器和累计定时器的个数与元件编号

100ms型 0.1～3276.7s	10ms型 0.01～327.67s	1ms型 0.001～32.767s	100ms累计型 0.1～3276.7s	1ms累计型 0.001～32.767s
T0～T199 200点	T200～T245 46点	T256～T511 256点	T250～T255 6点	T246～T249 4点

(2)辅助继电器(M)

辅助继电器是PLC中数量最多的一种继电器。一般的辅助继电器与继电器控制系统中的中间继电器相似。

辅助继电器不能直接驱动外部负载，负载只能由输出继电器的外部触点驱动。辅助继电器的常开触点与常闭触点在PLC内部编程时可无限次使用。

辅助继电器采用M与十进制数共同组成编号(只有输入输出继电器才用八进制数)。

①通用辅助继电器(M0～M499)

FX3U系列共有500点通用辅助继电器。通用辅助继电器在PLC运行时，如果电源突然断电，则全部线圈均"OFF"。当电源再次接通时，除了因外部输入信号而变为"ON"的以外，其余的仍将保持"OFF"状态，它们没有断电保护功能。通用辅助继电器常在逻辑运算中作为辅助运算、状态暂存、移位等。

根据需要可通过程序设定，将M0～M499变为断电保持辅助继电器。

②断电保持辅助继电器(M500～M3071)

FX3U 系列有 M500～M3071 共 2572 个断电保持辅助继电器。与普通辅助继电器不同的是，它具有断电保护功能，即能记忆电源中断瞬时的状态，并在重新通电后再现其状态。它之所以能在电源断电时保持其原有的状态，是因为电源中断时用 PLC 中的锂电池保持它们映像寄存器中的内容。其中 M500～M1023 可由软件将其设定为通用辅助继电器。

③特殊辅助继电器

PLC 内有大量的特殊辅助继电器，它们都有各自的特殊功能。FX3U 系列中有 256 个特殊辅助继电器，可分成触点型和线圈型两大类。

➢ 触点型：其线圈由 PLC 自动驱动，用户只可使用其触点。例如：

M8000：运行监视器（在 PLC 运行中接通），M8001 与 M8000 相反逻辑。

M8002：初始脉冲（仅在运行开始时瞬间接通），M8003 与 M8002 相反逻辑。

M8011、M8012、M8013 和 M8014 分别是产生 10ms、100ms、1s 和 1min 时钟脉冲的特殊辅助继电器。

M8000、M8002、M8012 的波形如图 3.5.4 所示。

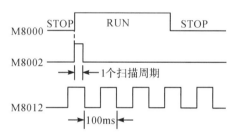

图 3.5.4　M8000、M8002 和 M8012 的波形

➢ 线圈型：由用户程序驱动线圈后 PLC 执行特定的动作。例如：

M8033：若使其线圈得电，则 PLC 停止时保持输出映像存储器和数据寄存器内容。

M8034：若使其线圈得电，则将 PLC 的输出全部禁止。

M8039：若使其线圈得电，则 PLC 按 D8039 中指定的扫描时间工作。

 任务实施

1.工作准备

(1)按照工作要求穿戴好安全劳保用品。

(2)学习工作场地安全操作规程，安全文明工作。

(3)了解操作工位的情况，包括设备、仪器仪表、电源电压。

(4)准备相应课程内容的学习资料。

2.器材准备

(1)工具：常用电工工具一套(螺丝刀、试电笔、钢丝钳、尖嘴钳等)。

(2)仪表：数字万用表。

(3)器件：低压断路器 1 个、熔断器 6 个、组合按钮 1 个、接触器 1 个、接线端子排 1 个、FX3U-48MR 型可编程序控制器 1 个等。

3．实训操作

（1）写出 I/O 分配表

根据本任务控制要求，可确定 PLC 需要 3 个输入点、2 个输出点，其 I/O 通道地址分配情况如表 3.5.2 所示。

表 3.5.2　I/O 通道地址分配情况

输入			输出		
元器件代号	作用	输入继电器	元器件代号	作用	输出继电器
SB1	停止按钮	X000	KM1	启动控制	Y000
SB2	启动按钮	X001	KM2	星形控制	Y001
			KM3	三角形控制	Y002

（2）画出 PLC 接线图（I/O 接线图）

PLC 接线情况如图 3.5.5 所示。

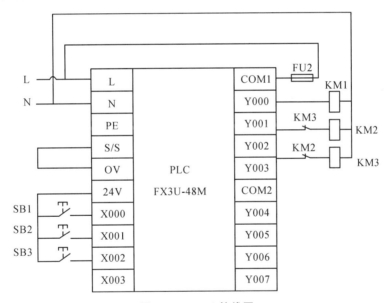

图 3.5.5　PLC 接线图

（3）程序设计

根据 I/O 通道地址分配及任务控制要求分析，设计本任务控制的梯形图（如图 3.5.6 所示）。

当按下启动按钮 SB2 时，输入继电器 X001 接通，输出继电器 Y000 置 1、Y001 置 1，接触器 KM1 和 KM2 线圈得电并自锁，电动机星形运行；经过 T0 定时器计时 3s 后，输出继电器 Y001 置 0，接触器 KM2 线圈断电，同时输出继电器 Y002 置 1，接触器 KM3 线圈得电，电动机三角形运行；当按下停止按钮 SB1 时，输入继电器 X000 置 1，定时器复位、辅助继电器复位，输出继电器 Y000、Y001、Y002 均置 0，KM1、KM2、KM3 线圈均失电，电动机停转。

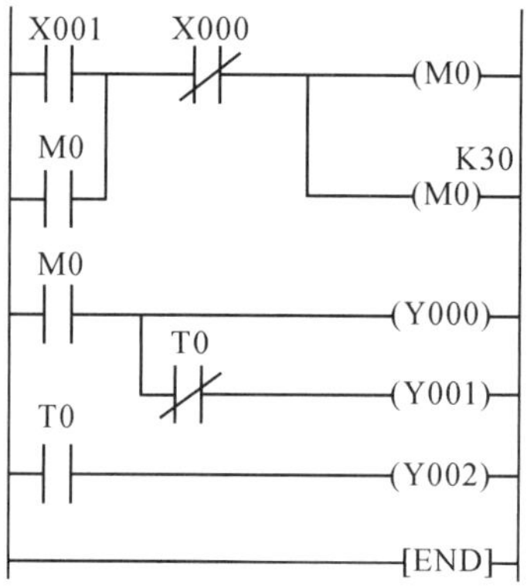

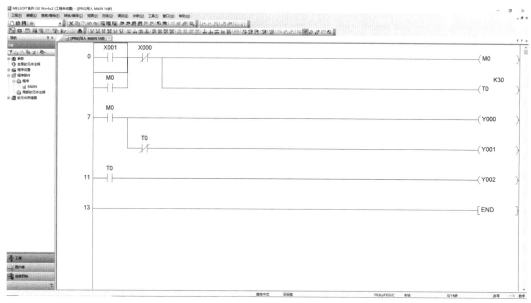

图 3.5.6　电动机星-三角(定时切换)梯形图

(4)程序写入

方法步骤与项目 3 任务 1 中一致,如图 3.5.7 所示为已完成的星-三角(定时切换)控制线路工程。

图 3.5.7　已完成的星-三角(定时切换)控制线路工程

(5)电路安装与调试

①安装电路

➢　检查元器件。检查元器件规格是否符合要求,并用万用表检测元器件是否完好。

➢　固定元器件。固定好本任务所需元器件。

➢　配线安装。根据配线原则和工艺要求,按照图 3.5.1 所示进行电路的接线。

➢　自检。对照接线图检测接线是否无误,再使用万用表检测电路的阻值是否与设计的相符。

②通电调试

➢　经自检无误后,在实训老师的指导下,方可通电调试。

➢　按照表 3.5.3 进行操作,观察系统运行情况并做好记录。如出现故障,应立即切断电源,分析原因、检查电路或梯形图;排除故障后,方可进行重新调试,直到系统功能调试成功为止。

表 3.5.3　程序调试步骤及运行情况记录

操作步骤	操作内容	观察内容	观察结果
第一步	按下 SB2	KM1、KM2、KM3 动作和电动机运行	
第二步	经过 3s		
第三步	按下 SB1		

检查评价

对任务实施的完成情况进行检查评价,并将结果填入表 3.5.4 中。

表 3.5.4　星-三角降压启动(定时切换)控制线路的 PLC 改造任务评价表

内容	考核要求	评分标准	配分	扣分
电路设计 (20 分)	根据任务,设计电路电气原理图,列出 I/O 分配表,设计梯形图及 PLC 控制 I/O 接线图	1. 分配 I/O 信号,输入启动信号、停止信号,输出启动控制、星形运行、三角形运行	10 分	
		2. 设计梯形图,梯形图如图 3.5.6 所示	5 分	
		3. 设计接线图,接线图如图 3.5.5 所示	5 分	
程序下载 (40 分)	熟练正确地将所编程序输入 PLC;按照被控设备的动作要求进行模拟调试,达到设计要求	1. 熟练操作 LD、ANI 指令	10 分	
		2. 熟练使用定时器 T、辅助继电器 M	10 分	
		3. 点击仿真按钮,可实现电动机的星-三角切换	20 分	
安装调试 (30 分)	按 PLC 控制 I/O 口接线图,将元件在配线板上布置合理,安装准确紧固,导线要进入线槽,并正确连接	1. 按下星形启动按钮,KM1、KM2 接触器得电,同时电动机星形启动	5 分	
		2. 经过设定时间后,KM1、KM3 接触器得电,电动机三角形运行	5 分	
		3. 按下停止按钮,电动机停止运行	10 分	
		4. 布线不进入线槽,不美观,主电路、控制电路每根扣 1 分;接点松动,露铜过长,反圈,压绝缘层,引出端无别径压端子,每处扣 1 分	10 分	
安全文明生产 (10 分)	劳动保护用品穿戴整齐,电工工具佩带齐全;遵守操作规程;讲文明礼貌;操作结束后清理现场	1. 操作中,违反安全文明生产要求的任何一项扣 2 分,扣完为止	5 分	
		2. 如有重大事故隐患时,要立即予以制止,并每次扣安全文明生产总分 5 分	5 分	

思考题

用 PLC 实现星-三角降压启动的可逆运行电动机控制电路。控制要求如下:

(1)按下正转按钮 SB1,电动机以星-三角方式正向启动,星形启动 10s 后转换为三角形运行。按下停止按钮 SB3,电动机停止运行。

(2)按下反转按钮 SB2,电动机以星-三角方式反向启动,星形启动 10s 后转换为三角形运行。按下停止按钮 SB3,电动机停止运行。

任务 6　两台三相异步电动机顺序控制电路的 PLC 改造

 任务目标

(1)掌握梯形图的编程原则。

(2)根据控制要求,将电动机顺序控制电路的继电控制电路转换成梯形图。

(3)掌握经验法编程思想。

 任务内容

用 PLC 控制系统实现图 3.6.1 所示的两台三相异步电动机顺序控制电路,完成自动装载装置控制系统的改造。要求如下:

(1)能够通过启停按钮实现三相异步电动机的顺序控制电路。

(2)能够通过 SFC 顺序功能图编程实现电动机的顺序控制。

(3)具有短路保护和过载保护等必要的保护措施。

 实训指导

1.任务分析

三相异步电动机顺序控制电路的原理为:启动时,首先合上总电源开关 QF,按下启动 M1 的按钮 SB2,接触器 KM1 线圈得电,其辅助常开触点闭合自锁,辅助常闭触点断开联锁,主触点闭合,电动机 M1 运行;按下 M2 启动按钮 SB3,接触器 KM2 线圈得电,其辅助常开触点闭合自锁,电动机 M2 运行;当按下停止按钮 SB1 时,KM1 和 KM2 线圈均失电,电动机 M1 和 M2 停止运行。如果先按下 SB3,电动机 M2 将无法运行。两台三相异步电动机顺序控制电路原理如图 3.6.1 所示。

2.相关理论(SFC 顺序功能图)

顺序功能流程图语言是为了满足顺序逻辑控制而设计的编程语言。步、转换和动作是顺序功能图的三种主要元件。步是一种逻辑块,每一步代表一个控制功能任务,用方框表示;动作是控制任务的独立部分,每一步可以进一步划分为一些动作;转换是从一个任务到另一个任务的条件;编程时将顺序流程动作的过程分成步和转移条件,根据转移条件对控制系统的功能流程顺序进行分配,一步一步地按照顺序动作。

SFC 是用状态继电器(S)来描述工步状态的工艺流程图,由状态步、有向连线(转移方向)、转移条件以及命令和动作组成。

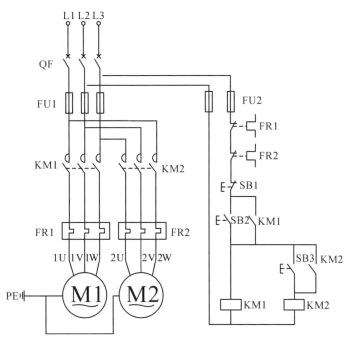

图 3.6.1　两台三相异步电动机顺序控制电路原理

①状态步

状态步,又称或状态,指控制系统的一个工作状态,可分为初始状态步和一般状态步,如图 3.6.2 所示。

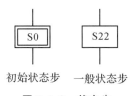

初始状态步　一般状态步

图 3.6.2　状态步

状态步用状态框表示,框内为状态继电器编号,这些编号可连续,也可不连续。其中初始状态步用双线矩形框表示,是 SFC 的第一个状态步,即系统等待启动命令的状态。一般状态步用单线矩形框表示,除初始状态步外,其他均为一般状态步。这些状态步一旦被激活,就处于活动状态,其中的动作和命令均得到执行。显然,未被激活的状态步,其命令与动作不能被执行。在 SFC 中,下一个状态被激活时,前一个状态必须关闭。

S0～S9 为初始状态专用,S10～S19 为 IST 指令专用,S20～S899 为一般状态通用,所以一般状态使用的状态继电器最小编号为 20。如表 3.6.1 所示为各编号对应的状态。

表 3.6.1　各编号对应的状态

初始状态用	IST 指令用	通用	报警用
S0～S9	S10～S19	S20～S899(S500～S899 为停电保持型)	S900～S999

②有向连接(转移方向)

有向连线是指两个状态之间的连线,表示状态的转移方向,其方向一般默认为从上到下,所以表示从上到下的有向连线的箭头可省略。除此之外,其他的有向连线一般需带箭头,如图 3.6.3 所示。

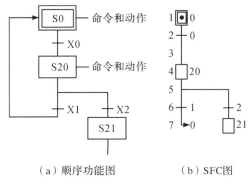

(a)顺序功能图   (b)SFC图

图 3.6.3   状态转移方向

图 3.6.3 中,左边为顺序功能图,右边为软件中的 SFC 图,状态 S0 与 S20 之间有向连线的箭头已省略,状态 S20 跳转到状态 S0 的有向连线带有箭头。

③转移条件

转移条件,在 SFC 中用短画线表示,如图 3.6.4 所示。状态与状态之间的转移,必须在条件满足的情况下才可以进行。

例如,图 3.6.3 中的状态 S20 要转移到状态 S21,X2 就必须接通。转移条件不一定是单个触点,也可以是一段程序。

图 3.6.4   转移条件

④命令和动作

这里的命令和动作,是指每一个状态中的命令与动作,即每一个状态的控制要求以及完成该要求对应的程序。命令和动作用相应的文字符号写在状态框的旁边,并用直线与状态框连接,如图 3.6.5 所示。

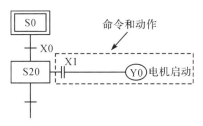

图 3.6.5   命令和动作

其总的示例如图 3.6.6 所示。

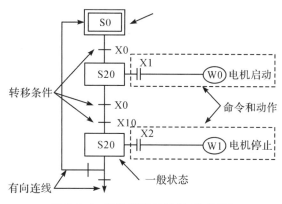

图 3.6.6　SFC 顺序功能图(总示例)

任务实施

1.工作准备

(1)按照工作要求穿戴好安全劳保用品。

(2)学习工作场地安全操作规程,安全文明工作。

(3)了解操作工位的情况,包括设备、仪器仪表、电源电压。

(4)准备相应课程内容的学习资料。

2.器材准备

(1)工具:常用电工工具一套(螺丝刀、试电笔、钢丝钳、尖嘴钳等)。

(2)仪表:数字万用表。

(3)器件:低压断路器 1 个、熔断器 6 个、组合按钮 1 个、接触器 1 个、接线端子排 1 个、FX3U-48MR 型可编程序控制器 1 个等。

3.实训操作

(1)写出 I/O 分配表

根据本任务控制要求,可确定 PLC 需要 3 个输入点、2 个输出点,其 I/O 通道地址分配情况如表 3.6.2 所示。

表 3.6.2　I/O 通道地址分配情况

输入			输出		
元器件代号	作用	输入继电器	元器件代号	作用	输出继电器
SB1	停止按钮	X000	KM1	M1 电动机	Y001
SB2	KM1 启动按钮	X001	KM2	M2 电动机	Y002
SB3	KM2 启动按钮	X002			

(2)画出 PLC 接线图(I/O 接线图)

PLC 接线图如图 3.6.7 所示。

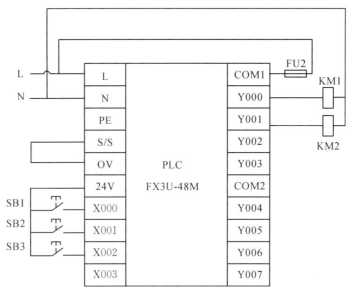

图 3.6.7　PLC 接线图

（3）程序设计

根据 I/O 通道地址分配及任务控制要求分析，设计本任务控制的梯形图（如图 3.6.8 所示），并写出指令。

当按下 KM1 启动按钮 SB2 时，输入继电器 X001 接通，输出继电器 Y001 置 1，接触器 KM1 线圈得电并自锁，电动机正转连续运行；此时若按下 KM2 启动按钮 SB3 时，输入继电器 X002 接通，输出继电器 Y002 置 1，接触器 KM2 线圈断电，电动机 M2 运行；当按下停止按钮 SB1 时，输入继电器 X000 接通，输出继电器 Y001 置 0、Y002 置 0，接触器 KM1 和 KM2 失电断开，可直接用启—保—停基本编程环节或 SFC 时序图进行设计，具体情况如图 3.6.9 所示。

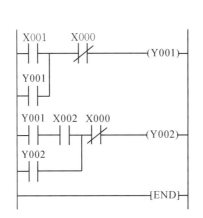

图 3.6.8　电动机顺序控制梯形图及指令

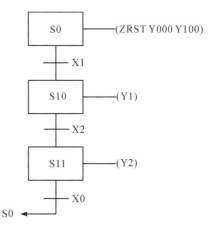

图 3.6.9　SFC 时序图设计

（4）程序写入

方法一：用启—保—停基本编程环节编写。步骤与项目 3 任务 1 中一致，已完成的双重联锁正反转控制线路工程，如图 3.6.10 所示。

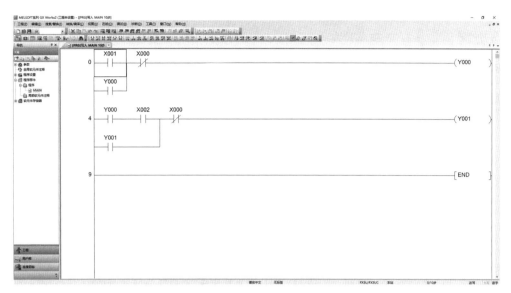

图 3.6.10　已完成的双重联锁正反转控制线路工程

方法二：用 SFC 顺序功能图编写。步骤如图 3.6.11～图 3.6.15 所示。

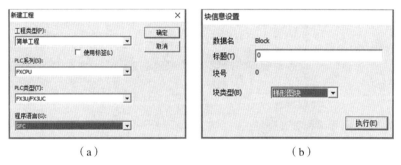

（a）　　　　　　　　　　　　　（b）

图 3.6.11　新建工程与新建初始块

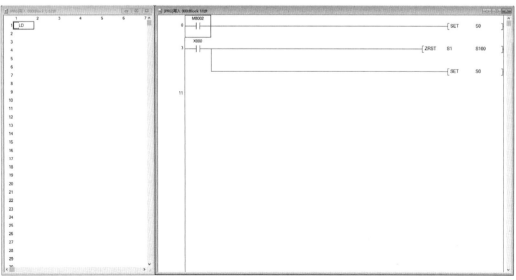

图 3.6.12　初始块程序编写

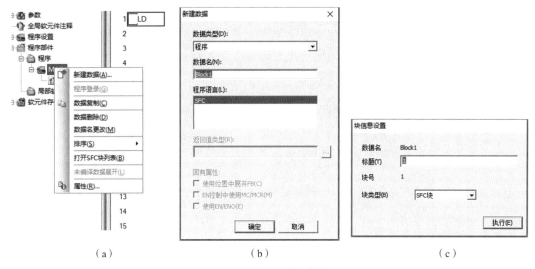

（a） （b） （c）

图 3.6.13　新建状态块

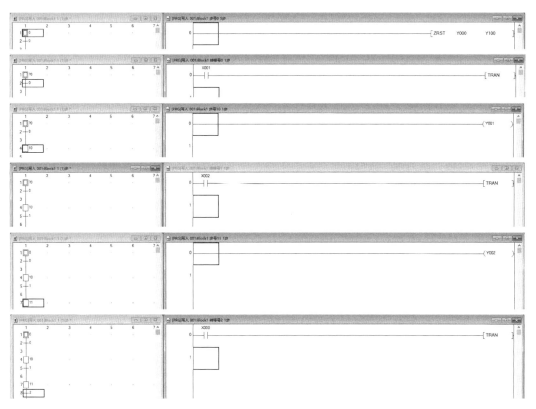

图 3.6.14　SFC 程序编写

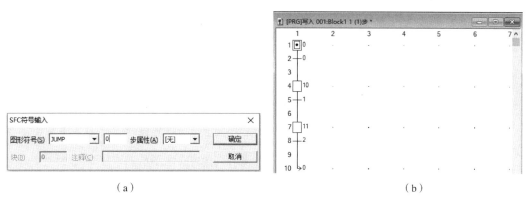

（a）　　　　　　　　　　　　　　　　　（b）

图 3.6.15　跳转初始步编写

（5）电路安装与调试

①安装电路

➤　检查元器件。检查元器件规格是否符合要求，并用万用表检测元器件是否完好。

➤　固定元器件。固定好本任务所需元器件。

➤　配线安装。根据配线原则和工艺要求，按照图 3.6.7 所示进行电路的接线。

➤　自检。对照接线图检测接线是否无误，再使用万用表检测电路的阻值是否与设计相符。

②通电调试

➤　经自检无误后，在实训老师的指导下，方可通电调试。

➤　按照表 3.6.3 进行操作，观察系统运行情况并做好记录。如出现故障，应立即切断电源，分析原因、检查电路或梯形图；排除故障后，方可进行重新调试，直到系统功能调试成功为止。

表 3.6.3　程序调试步骤及运行情况记录

操作步骤	操作内容	观察内容	观察结果
第一步	按下 SB2		
第二步	按下 SB3		
第三步	按下 SB1		
第四步	再按下 SB3	KM1、KM2 动作和电动机运行	
第五步	再按下 SB2		
第六步	再按下 SB3		
第七步	再按下 SB1		

检查评价

对任务实施的完成情况进行检查评价，并将结果填入表 3.6.4 中。

表 3.6.4　两台三相异步电动机顺序控制电路的 PLC 改造任务评价表

内容	考核要求	评分标准	配分	扣分
电路设计 (20 分)	根据任务,设计电路电气原理图,列出 I/O 分配表,设计梯形图及 PLC 控制 I/O 接线图	1.分配 I/O 信号,输入 KM1 启动信号、KM2 启动信号、停止信号,输出 M1 电机运行、M2 电机运行	10 分	
		2.设计梯形图,梯形图如图 3.6.8 所示	5 分	
		3.设计接线图,接线图如图 3.6.7 所示	5 分	
程序下载 (40 分)	熟练正确地将所编程序输入 PLC;按照被控设备的动作要求进行模拟调试,达到设计要求	1.熟练操作 SFC 顺序功能图编程方法	20 分	
		2.单击"仿真"按钮,可实现电动机的顺序控制	20 分	
安装调试 (30 分)	按 PLC 控制 I/O 口接线图,将元件在配线板上布置合理,安装准确紧固,导线要进入线槽,并正确连接	1.按下 KM1 启动按钮,KM1 接触器得电,M1 电动机运行(先按下 KM2 启动按钮,M2 不运行)	5 分	
		2.按下 KM2 启动按钮,KM2 接触器得电,M2 电动机运行	5 分	
		3.按下停止按钮,电动机 M1 与 M2 同时停止运行	10 分	
		4.布线不进入线槽,不美观,主电路、控制电路每根扣 1 分;接点松动,露铜过长,反圈,压绝缘层,引出端无别径压端子,每处扣 1 分	10 分	
安全文明生产 (10 分)	劳动保护用品穿戴整齐,电工工具佩带齐全;遵守操作规程;讲文明礼貌;操作结束后清理现场	1.操作中,违反安全文明生产要求的任何一项扣 2 分,扣完为止	5 分	
		2.如有重大事故隐患时,要立即予以制止,并每次扣安全文明生产总分 5 分	5 分	

💬 思考题

通过 SFC 顺序功能图设计如图 3.6.16 所示的控制电路。

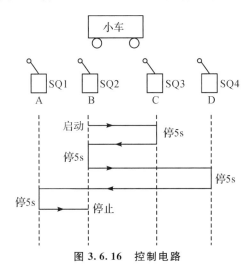

图 3.6.16　控制电路

知识储备

知识点 1   梯形图特点及编程原则

梯形图与继电器控制电路图很接近,在结构形式、元件符号及逻辑控制功能方面是类似的,但梯形图具有自己的特点及设计原则。

1.梯形图的特点

(1)在梯形图中,所有触点都应按从上到下、从左到右的顺序排列,并且触点只允许画在左水平方向(主控触点除外)。每个继电器线圈为一个逻辑行,即一层阶梯。每个逻辑行开始于左母线,然后是触点的连接,最后终止于继电器线圈。母线与线圈之间一定要有触点,而线圈与右母线之间不能存在任何触点。

(2)在梯形图中,每个继电器均为存储器中的一位,称为"软继电器"。当存储器状态为"1",表示该继电器得电,其常开触点闭合或常闭触点断开。

(3)在梯形图中,两端的母线并非实际电源的两端,而是"概念"电流,"概念"电流只能从左到右流动。

(4)在梯形图中,某个继电器线圈编号只能出现一次,而继电器触点可以无限次使用,如果同一继电器线圈重复使用两次,PLC 将视其为语法错误。

(5)在梯形图中,前面所有继电器线圈为一个逻辑执行结果,立刻被后面逻辑操作使用。

(6)在梯形图中,输入继电器没有线圈,只有触点,其他继电器既有线圈又有触点。

2.梯形图编程的设计原则

(1)触点不能接在线圈的右边,如图 3.6.17(a)所示;线圈也不能直接与左母线连接,必须通过触点连接,如图 3.6.17(b)所示。

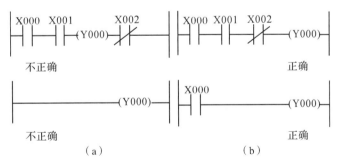

图 3.6.17   规则(1)说明

(2)梯形图的触点应画在水平支路上,而不应画在垂直支路上,如图 3.6.18 所示。

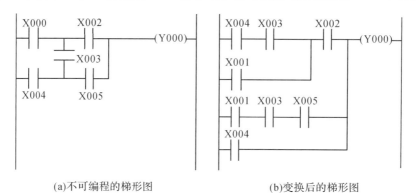

(a)不正确的画法   (b)正确的画法

图 3.6.18　规则(2)说明

(3)遇到不可编程的梯形图时,可根据信号单向自左至右、自上而下流动的原则对梯形图进行重新编排,以便正确应用 PLC 基本编程指令进行编程,如图 3.6.19 所示。

(a)不可编程的梯形图   (b)变换后的梯形图

图 3.6.19　规则(3)说明

(4)双线圈输出不可用。如果在同一程序中同一元件的线圈重复出现 2 次或以上,则称为双线圈输出,这时前面的输出无效,后面的输出有效,如图 3.6.20 所示。一般不应出现双线圈输出。

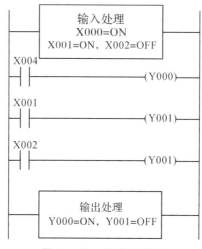

图 3.6.20　规则(4)说明

知识点 2　计数器 C

FX3U 系列计数器分为内部计数器和高速计数器两类。

1.内部计数器

内部计数器是在执行扫描操作时对内部信号(如 X、Y、M、S、T 等)进行计数。内部输入信号的接通和断开时间应比 PLC 的扫描周期稍长。

(1)16 位增计数器(C0~C199)

共有 200 点,其中 C0~C99 为通用型,C100~C199 共 100 点为断电保持型(断电后能保持当前值待通电后继续计数)。这类计数器为递加计数,应用前先对其设置一设定值,当输入信号(上升沿)个数累加到设定值时,计数器动作,其常开触点闭合、常闭触点断开。计数器的设定值为 1~32767(16 位二进制),设定值除了用常数 K 设定外,还可间接通过指定数据寄存器设定。通用型计数器编程形式如图 3.6.21 所示。

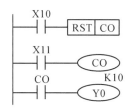

图 3.6.21　通用型计数器编程形式

(2)32 位增/减计数器(C200~C234)

共有 35 点 32 位增/减计数器,其中 C200~C219(共 20 点)为通用型,C220~C234(共 15 点)为断电保持型。这类计数器与 16 位增计数器除位数不同外,还在于它能通过控制实现增/减双向计数。设定值范围均为 $-214783648 \sim -+214783647$(32 位)。

C200~C234 是增计数还是减计数,分别由特殊辅助继电器 M8200~M8234 设定。对应的特殊辅助继电器被置为"ON"时为减计数,置为"OFF"时为增计数。

计数器的设定值与 16 位计数器一样,可直接用常数 K 或间接用数据寄存器 D 的内容作为设定值。在间接设定时,要用编号紧连在一起的两个数据计数器。

如图 3.6.22 所示,X10 用来控制 M8200,X10 闭合时为减计数方式。X12 为计数输入,C200 的设定值为 5(可正、可负)。设置 C200 为增计数方式(M8200 为 OFF),当 X12 计数输入累加由 4→5 时,计数器的输出触点动作。当前值大于 5 时,计数器仍为"ON"状态。只有当前值由 5→4 时,计数器才变为"OFF"。只要当前值小于 4,则输出保持为"OFF"状态。复位输入 X11 接通时,计数器的当前值为 0,输出触点也随之复位。

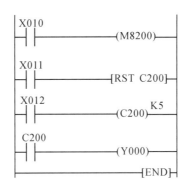

图 3.6.22　增/减数计数器的用法

2.高速计数器(C235～C255)

高速计数器与内部计数器相比,除允许输入频率高外,应用也更为灵活,高速计数器均有断电保持功能,通过参数设定也可变成非断电保持。FX2N 有 C235～C255 共 21 点高速计数器。适合用来作为高速计数器输入的 PLC 输入端口有 X0～X7。X0～X7 不能重复使用,即某一个输入端已被某个高速计数器占用,它就不能再用于其他高速计数器,也不能作他用。

高速计数器可分为四类:

(1)单相单计数输入高速计数器(C235～C245),其触点动作与 32 位增/减计数器相同,可进行增或减计数(取决于 M8235～M8245 的状态)。

如图 3.6.23(a)所示为无启动/复位端单相单计数输入高速计数器的应用。当 X10 断开,M8235 为 OFF,此时 C235 为增计数方式(反之为减计数方式)。由 X12 选中 C235,从表 3.6.1 中可知其输入信号来自 X0,C235 对 X0 信号增计数,当前值达到 1234 时,C235 常开接通,Y0 得电。X11 为复位信号,当 X11 接通时,C235 复位。

如图 3.6.23(b)所示为带启动/复位端单相单计数输入高速计数器的应用。由表 3.6.3 和表 3.6.4 可知,X1 和 X6 分别为复位输入端和启动输入端。利用 X10 通过 M8244 可设定其增/减数方式。当 X12 为接通,且 X6 也接通时,则开始计数,计数的输入信号来自 X0,C244 的设定值由 D0 和 D1 指定。除了可用 X1 立即复位外,也可用梯形图中的 X11 复位。

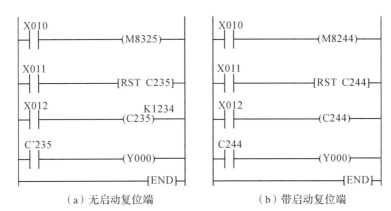

　(a)无启动复位端　　　　　　　　　(b)带启动复位端

图 3.6.23　单相单计数输入高速计数器

附录 A 常用低压电器的图形与文字符号

类别	名称	图形符号	文字符号
开关	单极控制开关		SA
	手动开关一般符号		SA
	三级隔离开关		QS
	组合开关		QS
	低压断路器		QF
熔断器	熔断器		FU
按钮	常开触点		SB
	常闭触点		SB
行程开关	常开触点		SQ
	常闭触点		SQ

续　表

类别	名称	图形符号	文字符号
接触器	线圈		KM
	主触头		KM
	辅助常开触头		KM
	辅助常闭触头		KM
热继电器	热元件		FR
	常闭触头		FR
时间继电器	通电延时线圈		KT
	断电延时线圈		KT
	延时闭合常开触点		KT
	延时断开常闭触点		KT
	延时闭合常闭触点		KT
	延时断开常开触点		KT

类别	名称	图形符号	文字符号
中间继电器	线圈		KA
	常开触头		KA
	常闭触头		KA

附录 B 三菱 FX 系列 PLC 基本指令与常用功能指令

分类	指令	功能说明	梯形图示例
基本指令	LD	起始常开触点	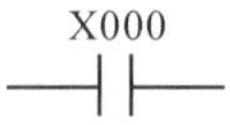 X000
	LDI	起始常闭触点	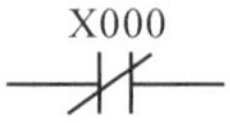 X000
	LDP	起始上升沿触点	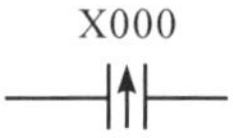 X000
	LDF	起始下降沿触点	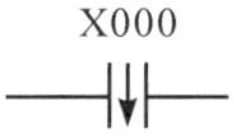 X000
	OR	并联常开触点	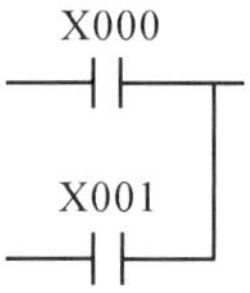 X000 X001
	ORI	并联常闭触点	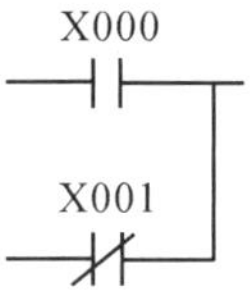 X000 X001
	ORP	并联上升沿触点	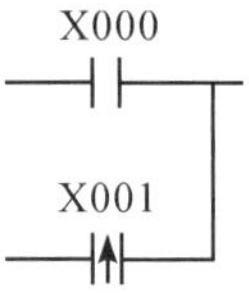 X000 X001
	ORF	并联下降沿触点	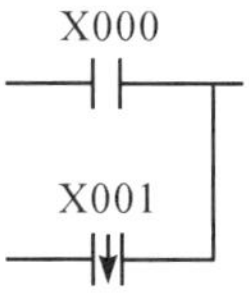 X000 X001
	AND	串联常开触点	 X000 X001
	ANI	串联常闭触点	 X000 X001
	ANDP	串联上升沿触点	 X000 X001

续　表

分类	指令	功能说明	梯形图示例
	ANDF	串联下降沿触点	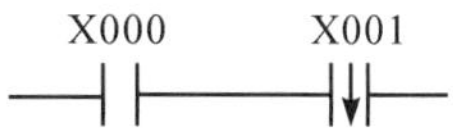 X000　　X001
	ANB	并联回路块串联	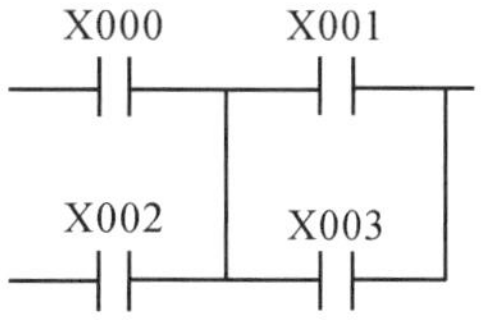 X000　　X001 X002　　X003
	ORB	串联回路块并联	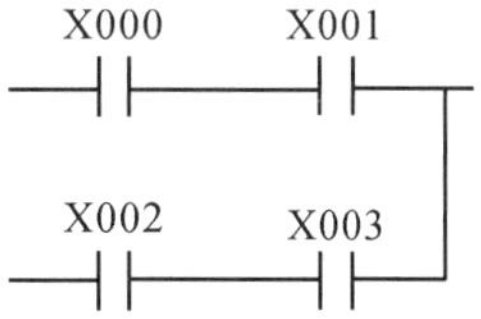 X000　　X001 X002　　X003
	INV	触点取反	
	OUT	线圈输出	—(M0)—
	SET	置位	—[SET　　M0]—
	RST	复位	—[RST　　M0]—
	ZRST	区间复位	—[ZRST　　M0　　　M10]—
	PLS	上升沿微分输出	—[PLS　　M0]—
	PLF	下降沿微分输出	—[PLF　　M0]—
	END	程序结束	[END　　]
常用功能指令	MOV	传送	—[MOV　　K1　　D0]—
	LD=	触点比较（等于）	[=　　DO　　K1]
	LD>	触点比较（大于）	[>　　DO　　K1]
	LD<	触点比较（小于）	[<　　DO　　K1]
	ADD	加法	[ADD　　DO　　K2　　D2]—
	SUB	减法	[SUB　　DO　　K2　　D2]—
	MUL	乘法	[MUL　　DO　　K2　　D2]—
	DIV	除法	[DIV　　DO　　K2　　D2]—
	INC	加 1	[INC　　DO]—
	DEC	减 1	[DEC　　DO]—
	ALT	交替输出	[ALT　　Y000]—

参考文献

［1］赵洪顺.电气控制技术实训［M］.2 版.北京:机械工业出版社,2019.

［2］马应魁.电气控制技术实训指导［M］.2 版.北京:化学工业出版社,2006.

［3］肖峰,贺哲荣.PLC 编程 100 例［M］.北京:中国电力出版社,2009.

［4］杨后川.三菱 PLC 应用 100 例［M］.北京:电子工业出版社,2011.

［5］李敬梅.电力拖动控制线路与技能训练［M］.5 版.北京:中国劳动社会保障出版社,2014.